LE

MARAICHER BOURGEOIS

1568.76. — Boulogne (Seine)— Imprimerie JULES BOYER.

BIBLIOTHÈQUE DU JARDINIER

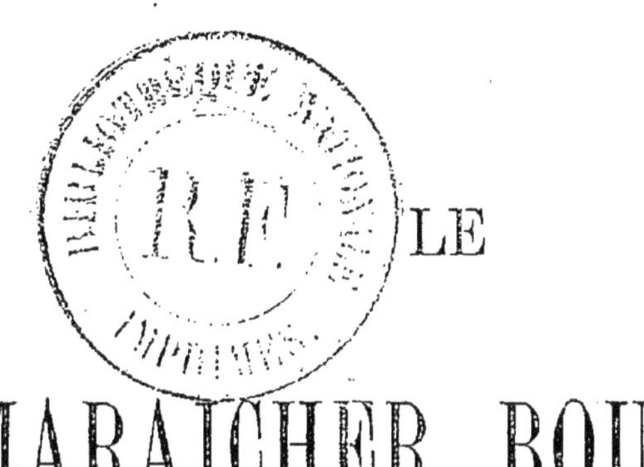

LE MARAICHER BOURGEOIS

PAR

P. VIALON

PARIS
LIBRAIRIE AGRICOLE DE LA MAISON RUSTIQUE
26, RUE JACOB, 26

1877

INTRODUCTION

Je n'écris pas ce livre pour l'habitant des villes ; celui-là n'a que faire de s'occuper d'un jardin potager : le maraîcher qui est à sa porte lui fournit des légumes de meilleure qualité, et à un prix moindre, que ceux qu'il obtiendrait dans un terrain insuffisamment travaillé, parcimonieusement *engraissé*, souvent négligé comme façons ou comme arrosages, ces deux conditions qui donnent aux produits une partie de leur qualité. Mon intention, je dois l'avouer, en faisant un nouveau livre de jardinage, trempe un peu dans des considérations philosophiques ; c'est-à-dire que, tout en cherchant à apprendre à chacun l'art de fournir sa maison de bons légumes, je cherche également, et encore plus, à maintenir l'homme qui se retire à la campagne, après avoir travaillé une partie de sa vie pour s'amasser une fortune, dans des limites assez restreintes pour tenir à l'abri du danger ses épargnes, tout en lui laissant une activité de corps indispensable à son organisme, après l'existence travailleuse à laquelle il a été soumis.

Il faut peut-être m'expliquer plus clairement et m'adresser carrément dans cet avant-propos, aux hommes à qui je viens jeter un cri d'alarme. Ces hommes appartiennent à plusieurs catégories. Je les rangerai dans une seule pour leur crier à tous, en même temps — casse-cou !

Ces hommes sont de la famille des intelligents et des forts. Ils ont su se faire une fortune, et se retirent des affaires, lorsque le chiffre du capital, qu'ils ont atteint, leur paraît assez élevé pour devoir suffire à leurs besoins.

Précisément parce qu'ils sont forts, précisément parce qu'ils sont intelligents, et qu'une partie de leur activité leur reste, ils se retirent à la campagne, pour y jouir en paix de tous ces biens. Les premiers mois, ils y font alliance avec le soleil, dont ils n'avaient éprouvé que les étouffements, sans en connaître les rayons. Ils trouvent cette majesté plus imposante que celle qui se levait et se couchait aux Tuileries, et, eux aussi, se sentant tout à coup gentilshommes, veulent assister à des grands levers, et à des grands couchers.

Puis, plus intimes avec l'astre, depuis que, sans être éblouis, ils ont pu le regarder en face, ils en étudient, jour par jour, l'utilité et les bienfaits. Ils remarquent que son absence ne produit qu'un doux quiétisme, et que son retour répand sur la nature un frais sourire, que l'on appelle la sérénité de l'aurore. Alors ils se prennent à aimer tout de bon ce monarque par qui tout s'enrichit. Pour ne pas le perdre trop longtemps, ils se couchent en même temps que lui, et s'éveillent pour fêter son retour. Ils voient les champs avec la fraîcheur de la nuit et les récoltes raffermies par la rosée. Les montagnes sont bleues ; l'aurore est dans sa pourpre, l'homme des villes se sent renaître. Le champ qu'il a traversé est à lui ; il le trouve si fécond qu'il se sent pris de l'envie de le cultiver lui-même. Il hésite, il tâtonne, et se sent de plus en plus attiré. A son premier voyage à Paris, il achète des livres qui traitent de la culture ; et patatras, le tour est joué !

Un vieux paysan cultivateur, mon voisin, pendant que je faisais de la culture, me disait chaque fois que je le rencontrais dans les champs :

— Vos blés sont plus beaux que les miens, vous avez des luzernes et je n'ai que des trèfles; où j'ai des pâturages, vous avez des prés ; mais cela ne fait rien...

Je souriais en disant :

— Garnier, vous êtes pour les vieilles coutumes ?

Alors il secouait la tête et répondait presque tristement :

— Les nouvelles ont du bon, s'il ne fallait pas changer tout l'outillage.

— Eh bien, alors ?

Garnier me regardait avec surprise :

— Je ne dis pas cela pour vous, monsieur,

répliquait-il; mais seulement pour les paysans qui ont intérêt à cultiver leur bien.

— Ah çà ! et nous, nous n'avons donc pas intérêt à le faire?

— Avec profit? jamais.

— Et pourquoi?

Garnier riait, et, haussant les épaules, il me disait en me quittant :

— Celui qui mange ses poulets, et ne mange pas ses criblures, n'a pas raison de cultiver son bien...

Garnier me répondait par une vérité mesquine, il est vrai, mais pas trop bête.

Ne pas manger ses poulets, et manger ses criblures, est, en effet, la première richesse du cultivateur. Seulement, en dehors de Garnier et de l'homme du monde, qui se fait agronome, il y a la classe des gros fermiers, lesquels en mangeant leurs poulets, et en changeant *leur outillage* s'enrichissent en cultivant. C'est que ceux-là connaissent leur métier. Généralement fils de fermiers, élevés dans les fermes, déjà gens d'expérience, devenus gens d'observation, ils tracent droit un sillon entre le progrès et la routine, sans jamais laisser tomber dans leurs champs, le moindre grain de cette ivraie que l'on nomme utopie.

Je n'ai donc point de parti pris contre l'agriculture exercée par en haut. Je l'ai pratiquée longtemps, elle m'a réussi, et je n'ai pas motif à lui garder rancune. Mais précisément parce que j'en connais le fort et le faible, les entraînements et les écueils, je crie casse-cou ! à ceux qui se livrent tardivement à cette industrie, n'apportant, pour savoir, que les notions puisées dans quelques livres, où l'agriculture est prise à l'embellie. La première année d'exercice amène une déception, la seconde année un déficit inquiétant. Alors, l'inexpérimenté, devient joueur ; il resserre sa partie pour rentrer dans ses déboursés ; il se donne plus de mal pour marcher vers sa ruine qu'il ne s'en est donné pour arriver à la fortune. Il saute d'un système à l'autre, détruisant le lendemain ce qu'il a fait la veille, et finit par perdre pied dans cet abîme trop périlleux pour lui, puisqu'il ne sait pas nager. Son passage dans cette terre, où il a semé ses écus, n'aura servi à rien, pas même à avancer l'agriculture par l'importation, dans la localité, d'instruments nouveaux, souvent bons ; car celui qui viendra après lui, effrayé par sa chute, n'osera plus se livrer à aucune innovation, et laissera tout retourner en arrière, en s'enfermant dans la routine des coutumes du pays.

De tout ceci, il ne faut pas conclure que la culture des champs soit toujours une ruine pour l'homme qui se sent assez fort pour s'improviser agriculteur : mais l'expérience démontre qu'elle est souvent un danger, pour peu qu'elle soit opérée sur une grande échelle. Je n'ai pas non plus la prétention de penser que la simple lecture de ce livre puisse faire d'un ignorant de la veille un habile jardinier ; seulement, j'ose affirmer que ce livre à la main, l'homme le plus étranger à la culture maraîchère, peut arriver à se créer un excellent jardin.

Et de plus, j'aurai peut-être contribué à détourner d'un grand péril ceux qui sont pris tardivement de la manie de labourer la terre.

LE

MARAICHER BOURGEOIS

CHAPITRE PREMIER

OUTILLAGE

Je dois admettre, en écrivant ce livre, que je m'adresse à des gens inexpérimentés en fait de jardinage ; et que je dois les éclairer complétement sur tout ce qui a trait à la culture maraîchère.

Voici, en admettant quelques différences de revient, suivant les pays que l'on habite, les prix des outils, instruments et objets indispensables à l'homme qui veut cultiver son jardin.

Châssis.

Le châssis est un cadre en bois de chêne qui doit avoir $1^{m},30$ de long sur $1^{m},10$ de large ; il est divisé en quatre parties par trois traverses destinées à soutenir le verre. Il doit être recouvert de deux couches de peinture à l'huile.

Un châssis en bois de chêne, peint et vitré, doit coûter 10 francs........................ 10 fr.

Beaucoup de gens croyant s'épargner une dépense répétée chaque fois qu'un châssis se pourrit, ont adopté le châssis de fer; mais, par expérience, j'en ai supprimé l'usage. Le fer est si meurtrier pour le verre que chaque jour, si l'on a à remuer le châssis, une vitre est cassée; la prétendue économie est dérisoire.

Coffres.

Le coffre est destiné à supporter le châssis; il doit être posé sur la couche aussitôt qu'elle est faite. Il adhère ainsi plus aisément sur le terrain fraîchement remué et s'attache à ce terreau dans le tassement que lui imprime, en se tassant aussi, le fumier qui compose le dessous de la couche.

On en fait de plusieurs dimensions.

Pour moi, je préfère celui qui doit supporter trois châssis. Cette longueur permet de circuler aisément autour de cette couche enfermée, au moyen d'un sentier pratiqué de trois en trois châssis; et ce sentier, ainsi répété, peut servir en même temps à réchauffer sa couche, en le creusant par les temps froids et neigeux, pour y entasser du fumier nouveau.

Les coffres dont je me sers d'habitude sont en sapin sans peinture. Le derrière doit être haut de 30 centimètres et le devant de 20. Un coffre à trois châssis peut être fourni pour 6 francs..... 6 fr.

Paillassons.

Le paillasson est destiné à protéger les couches recouvertes de châssis contre la neige, contre le froid, contre la grêle et même contre le soleil.

Il ne doit pas être trop lourd ou trop chargé de paille, pour sécher plus facilement. En supposant des couches comportant trois châssis, il doit être un peu plus long et un peu plus large que cette couche. Comme chaque jardinier fabrique lui-même ses paillassons, et que la paille qu'il emploie est de peu de valeur, je ne puis indiquer justement le prix du paillasson.

Arrosoirs.

Bien que l'on trouve à meilleur marché des arrosoirs en zinc et en fer battu, je conseille l'usage de l'arrosoir en cuivre rouge. Des arrosoirs de ce métal sont inusables. La pomme doit être adhérente. L'habitude d'arroser fait arriver, par la pomme, au même effet qu'aux arrosements par le tuyau, pour mouiller des plantes isolées, et la pomme adhérente étant assujettie à un tuyau plus fort permet plus de continuité et plus d'*averse* aux arrosements par la pomme, lorsque l'on doit mouiller à pleine eau.

Un arrosoir en cuivre rouge doit peser 2 kilos et contenir 10 litres d'eau. Le prix d'une paire d'arrosoirs, dans ces conditions, doit être de 25 francs.............................. 25 fr.

Brouette.

Une monture en ormeau ou frêne, planches en bois blanc, roue ferrée, doit coûter 10 francs. 10 fr.

Cloches.

De 40 centimètres à la base, de 25 centimètres dans le haut, et de 35 centimètres de hauteur, en verre le plus blanc possible, coûteront, au plus cher, 12 francs la douzaine.............................. 12 fr.

Fourche.

La fourche est indispensable dans un jardin. Elle sert à charger et à décharger le fumier, à l'étendre et à le tasser sur les couches : précurseur du râteau pour briser les mottes de terre sur les planches labourées, elle doit servir encore à débarrasser des herbes sèches les terrains nettoyés pour y mettre un engrais nouveau. La fourche est en fer, composée de trois dents. Elle coûte 3 francs..... 3 fr

Bêche.

Comme longueur et comme poids elle doit être

proportionnée à la force de celui qui est appelé à s'en servir. Une bonne bêche ordinaire peut être payée 5 francs........................ 5 fr.

Binette.

Petit instrument très-utile pour remuer la terre dans les plantations où l'herbe commence à croître. 1 franc.......................... 1 fr.

Pelle anglaise.

Pour manier le terreau. En fer battu, elle coûte. 4 francs.......................... 4 fr.

Râteau.

Long de 30 centimètres, ayant douze dents en fer, rond. Le râteau sert à rendre meuble et unie la terre où l'on veut faire des semis. Il sert encore à nettoyer les allées, il coûte 1 fr. 50.... 1 fr. 50

Mètre.

Double mètre ferré aux deux extrémités, utile pour dresser des planches de la même largeur, 1 franc.......................... 1 fr.

CHAPITRE II

QUALITÉS DES TERRES

Il y a des variétés de terre dans les jardins comme dans les champs. Là et là, celui qui la cultive doit en étudier sérieusement les défauts et les qualités; car connaître pleinement le tempérament de son sol, c'est être à peu près certain d'une bonne récolte, surtout dans un jardin où la main de l'homme peut modifier chaque jour ce que la température a de contraire aux plantes.

Pour être bien compris du lecteur, j'écarterai de cet examen tout composé scientifique, et je diviserai le sol qu'il doit avoir à cultiver en trois catégories. La terre forte, la sableuse, et la meuble.

Dans la première, l'argile est dominant. Elle est lourde à travailler, et il faut pour la bien conduire ne point la remuer par tous les temps. Une façon donnée à cette terre un jour de pluie, la réduit à l'état de brique avant la cuisson; et peut la durcir assez, lorsqu'elle se sèche, pour rendre impossible tout ensemencement.

La seconde, chargée de sable siliceux, n'a pas la cohésion nécessaire à la conservation, ou tout au moins à la grasse végétation des plantes. L'action du soleil pénètre trop aisément jusqu'aux racines et les arrosages forcément répétés dans ce terrain qui s'incendie, finiraient par le délayer et mettre ces racines à découvert, sous les paillis. C'est pour cette catégorie surtout que je recommande un paillis sur les planches, avant de les planter. Avec cette précaution, on obtient dans cette terre ingrate de bons résultats, car elle est par nature la plus hâtive.

Vient ensuite la terre meuble que je comparerai aux terrains d'alluvions. Elle est douce à remuer, parce qu'elle est facilement divisible, féconde en elle-même, pour peu qu'elle soit entretenue par de vieux terreau, elle fournit les meilleurs et les plus beaux légumes et ne craint ni la sécheresse, ni l'humidité. Cette catégorie de terre est la richesse du jardinier ; comme elle fait l'orgueil de celui qui la travaille par la beauté et la qualité de ses produits.

La terre forte s'échauffant difficilement, il faut lui réserver les récoltes tardives ; les gros légumes, chou-pommé, chou-fleur, artichaut, cardon, carde-poirée y poussent vigoureusement, si l'on a soin de donner fréquemment de légers binages à la surface pour empêcher la terre de se crevasser, et la couvrir d'un paillis léger, lorsque les grandes chaleurs sont venues.

Cette terre demande moins d'arrosages que les autres, surtout lorsqu'elle est paillée.

L'engrais qui lui convient est le *fumier chaud ;*

de cheval ou de mouton à moitié consommé, et le terreau que l'on met à la surface pour les semences, devant rester en place, sera toujours du terreau *usé*.

La terre sableuse s'échauffe vite aux premiers beaux jours ; elle est le véritable sol des légumes de printemps, mais précisément parce qu'elle s'échauffe vite, elle brûle aisément, et dans l'été toute végétation s'y paralyse.

Cette catégorie, bien qu'elle soit la plus maniable, est chère à cultiver. Les paillis doivent y être plus épais, les arrosages plus fréquents. Le fumier de vache est l'engrais qui lui convient le mieux.

Du reste, cette terre a les qualités de ses défauts; par les années humides, lorsque les récoltes végètent chétivement dans les terres fortes, la terre sableuse donne des produits satisfaisants.

Le terrain *meuble* se défend aussi de l'humidité, comme il se défend de la sécheresse. Je le répète, ce sol est la fortune du travailleur. Le paillis dont on le couvre, car un bon jardinier doit toujours pailler sa terre, le paillis qu'on lui met sera moins léger que celui de la terre forte, et moins épais que les paillis employés sur les terres sableuses.

L'engrais le plus convenable pour cette catégorie est le fumier très-consommé, ou du terreau gras.

CHAPITRE III

CULTURE

Arrivé où j'en suis, c'est-à-dire à peine au début de ce livre, je me suis demandé comment je parviendrais à indiquer la culture de telle ou telle plante sans semer la confusion ou la fatigue dans l'esprit du lecteur.

J'avais songé d'abord à procéder par mois ; désignant, à chaque mois, les plantations qui doivent être faites pendant sa durée, mais j'ai dû renoncer aussitôt à cette forme, laquelle, pour être lucide, n'eût été acceptable que dans le cas où le légume fait en janvier, par exemple, fût en état d'être cueilli à la fin de ce mois.

Du moment où je serais obligé de suivre l'existence d'une plante durant l'espace de plusieurs mois, ce qui arriverait neuf fois sur dix, le lecteur ne pourrait plus me suivre à travers toutes ces cultures enchevêtrées.

Je dois donc procéder par ordre alphabétique : suivant, sans la quitter, la plante ensemencée depuis sa germination jusqu'à sa récolte ; indiquant par des renvois dans quelles conditions la semence doit être faite, sur quel terrain, la façon et l'endroit où elle doit être plantée, et les manières différentes de dresser ces places, suivant que la culture sera *ordinaire* ou *forcée*.

Asperge.

Au mois de mars, au commencement si le temps est doux, à la dernière quinzaine si la température est encore sous le coup des hivernées, on bèche une planche de bonne terre meuble qu'on a eu soin de choisir préalablement à une exposition telle qu'elle ne soit ni trop au soleil ni trop à l'ombre, et l'on y sème, à la volée, de la graine d'asperge dite de Hollande : l'on ratisse avec soin pour enterrer la semence sur laquelle il faut répandre ensuite du terreau. Ce terreau, ni trop gras ni trop maigre, aura une épaisseur de 3 ou 4 centimètres.

Pendant que pousse la jeune plante, qui est née assez rapidement, on enlève avec précaution l'herbe qui pourrait la gêner, et si l'été est sec, de temps à autre une forte mouillure sera d'un bon effet.

Ce n'est que l'année d'après, et au mois de mars aussi, que l'asperge devra être replantée.

Dans les premiers jours de mars, on fait une fosse de la largeur et de la longueur que l'on veut attribuer à son carré d'asperges. Cette tranchée aura 50 centimètres de profondeur. La terre de dessus, la meilleure, sera jetée d'un côté, la terre inférieure, celle de dessous, sera jetée de l'autre.

Lorsque la fosse est creusée à la profondeur voulue, l'on y entasse une couche bien pressée de fumier de vache. Cette couche doit être de 25 centimètres d'épaisseur. Elle sera recouverte de la bonne terre sur laquelle on marchera dans tous les sens pour la tasser, puis on y passera le râteau.

Cette opération terminée, on arrache avec précaution les jeunes griffes d'asperge; leurs racines se trouvent entremêlées; on les sépare doucement et l'on pose chaque pied sur la place qu'il doit occuper sur la couche. Pour l'y fixer, après avoir eu soin d'en étaler les racines, on pose sur chaque griffe une poignée de terreau.

Lorsque toute la fosse est ainsi plantée, on l'emplit avec la terre qu'on en avait tirée, de façon qu'elle soit un peu plus haute que le terrain environnant, car le fumier doit baisser en pourrissant, et il ferait un bas-fond si la fosse était seulement montée au niveau du jardin. On mettra les pieds d'asperge à 30 centimètres l'un de l'autre dans les rangs, les rangs seront aussi à 30 centimètres l'un de l'autre, et les pieds seront placés en échiquier.

Je crois l'avoir dit déjà; dans un jardin bien organisé, il y a pour certaines plantes, à côté de la culture ordinaire, la culture forcée. Pour la culture forcée de l'asperge, il faut dresser sa couche de telle sorte qu'un coffre placé sur elle puisse en couvrir trois rangées. S'il y a plusieurs rangs de coffres, entre chaque rang se trouvera un sentier destiné à être chargé de fumier neuf. C'est là ce qu'on appelle le réchaud. Ce réchaud sera renouvelé tous les huit jours, ou surchargé de fumier de cheval si la température était à un froid excessif. Il doit avoir, en largeur, 35 centimètres ; s'il n'y a qu'une rangée de coffres, le sentier sera circulaire et dans les mêmes conditions.

C'est en novembre que les coffres doivent être posés. A ce moment aussi l'on creuse les sentiers dont j'ai parlé et dont la bonne terre peut être étendue sur la couche. Les réchauds seront montés jusqu'aux bords supérieurs des coffres. Les châssis posés seront aussitôt couverts de litière sèche afin que la chaleur soit conservée.

Vingt-cinq jours après, les asperges commencent à sortir de terre. On les coupe lorsqu'elles sont longues de 10 centimètres en dehors du sol, et cette opération doit être faite avec précaution. Les instruments tranchants sont dangereux et ne sont point admissibles dans un jardin bien organisé. S'en servir, c'est vouloir, de gaieté de cœur, perdre une partie de sa récolte, en coupant des fruits presque en germe, qui adhèrent à celui que l'on cueille, et finir par altérer son plant en déchirant une partie des griffes.

On doit fouiller avec la main autour de l'asperge, en écartant le terreau du pied, et en ayant soin de ne pas casser celles qui ne sont point encore sorties de terre. L'asperge dégagée sur une longueur de 15 à 18 centimètres, on la saisit le plus bas possible, et on la tire en tordant un peu la tige. Elle se détache ainsi de la griffe, à plusieurs centimètres de l'endroit que l'on a saisi.

Mais c'est parler vite du beau et bon produit de l'asperge, laquelle, dans la culture ordinaire, n'est véritablement dans sa force que la quatrième année et ne peut être cueillie au plus tôt que la troisième. Cependant l'homme riche peut les avancer d'une année en achetant des griffes.

L'asperge à culture forcée ne sera soumise à ce régime qu'une année sur deux, et encore, malgré cette année de culture ordinaire, qui est un repos, elle ne durera qu'une douzaine d'années, tandis qu'une couche d'asperges bien conduite, en culture ordinaire, doit durer au moins vingt ans.

Un dernier mot sur l'asperge, avant de passer à une autre plante ; lorsqu'on voit ses asperges, en culture forcée, se tacher de rouille, c'est que la couche refroidit, et il faut sans retard en renouveler les réchauds.

Inutile d'ajouter que la récolte terminée, on doit enlever aussitôt les châssis et les coffres.

Artichaut.

Vers la fin d'avril, dans le centre de la France, dans le courant de mai, si l'on est plus au nord, l'artichaut sort de terre. Dès que la plante a atteint la hauteur de trente-cinq centimètres, on doit dégager le pied principal de ses drageons. Ce sont ces rejets de la souche-mère, la plupart sans racines, qui doivent être plantés.

On prépare pour cela, et fortement fumé, un carré de terre dans la portion la plus forte et la plus humide du potager. Cette terre, profondément labourée, bêchée, l'on brise avec la fourche à trois dents les mottes que la nature de ce terrain doit laisser à la surface ; et, la terre ainsi préparée, on plante le drageon d'artichaut. Cette opération se pratique au moyen d'un plantoir gros et long, et dans les dispositions suivantes : Chaque drageon sera planté dans le rang à un mètre de l'autre, et chaque rang sera à un mètre de l'autre rang. Les plants dressés en échiquier.

Après la plantation, pour peu que le temps soit sec et chaud, on donne une forte mouillure avec la gueule de l'arrosoir, et le drageon ne tarde pas à reprendre.

Comme il ne doit se développer d'une façon sensible qu'en août, pour donner des fruits en septembre, j'ai l'habitude d'utiliser le terrain qu'il laisse libre en y semant le haricot belge; lequel, avant de gêner l'artichaut, peut fournir une abondante récolte.

Bien que la plupart des jardiniers ne donnent que de rares façons à cette plante, elle est soumise chez moi à des binages répétés, pour la dégager des herbes qui poussent luxurieusement à son ombre ; et je lui donne à la bêche, deux façons chaque année, ayant soin, à chaque labour, de lui mettre une demi-fumure, me servant de fumier consommé pour ne point enlever la fraîcheur du terrain ; car, je le répète, ce légume a besoin d'une terre forte et fraîche.

Lorsque l'hiver arrive, le plus tard possible, par un temps sec, il faut songer à préserver des gelées le pied de l'artichaut. Un amas de feuilles sèches, recouvertes de litière de cheval, dont on a dégagé le fumier, protégent l'artichaut contre les plus rudes hivernées. Mais il y a précisément, dans ce préservatif, un danger que l'on peut éviter jusqu'à un certain point. Lorsque le temps n'est pas trop rude, et au moment où il y a du soleil, il faut, de temps à autre écarter la litière, et l'on est assuré de trouver, sous ces abris, des familles de mulots; lesquels, bien que la racine de l'artichaut soit amère, ne dédaignent pas de la croquer.

La chasse faite, on remet tout en place, et l'on passe à un autre plant.

Il y a deux variétés d'artichauts, pour lesquels il y a aussi des variétés de goûts. Les uns trouvent le violet plus délicat ; les autres, et ceux-là sont en plus grand nombre, préfèrent l'artichaut vert à grosses pommes et dont la pomme reste fermée.

Aubergine. — Melongène.

Cette plante n'est pas assez répandue dans les jardins bourgeois du centre de la France, pour que j'en indique la culture forcée. Dans la plupart des jardins où elle se trouve, elle y est à l'état d'ornement plutôt qu'à celui de produit culinaire. Je vais donc simplement parler de sa culture ordinaire.

Vers la fin de mars, on sème, sur un coin de la couche mère, la graine d'aubergine. En huit ou dix jours elle est levée, et comme le jeune plant grandit lentement, ce n'est que vers les premiers jours de mai qu'il est bon à transporter en pleine terre, sur une côtière ou dans un endroit abrité.

Je dois dire ici ce que l'on entend par couche mère, et comment elle doit être abritée dans un jardin potager.

Il ne faut jamais compter sur les semences faites par son voisin.

Chaque jardinier doit donc se fournir à lui-même son plant. Or, comme le plant de printemps ne peut venir assez tôt en pleine terre, il est nécessaire de faire intervenir pour ces semis la culture forcée.

Pour cela, un coffre à un seul châssis doit suffire, à moins que l'on ait à fournir de plants un très-grand jardin ; dans ce cas, l'intelligence du lecteur lui fera comprendre qu'un coffre à plusieurs châssis est nécessaire.

Ces couches mères seront faites en tranchées, on garnira le fond de la tranchée de fumier de cheval mélangé, moitié fumier ancien, moitié fumier neuf. La couche de fumier, bien piétinée, bien foulée, aura une hauteur de soixante centimètres ; on la chargera ensuite de douze centimètres de terreau, il faudra poser sur cette couche aussitôt qu'elle sera montée, le coffre et le châssis et semer là ses graines de melons, de concombres, de romaines, de chicorée, d'aubergine, etc.

Si le temps est froid, il faudra faire une tranchée autour de cette couche pour y entasser du fumier neuf; et ce réchaud serait à la rigueur remué et surchargé si la température se maintenait rigoureuse.

Je reviens maintenant à l'aubergine.

Elle sera plantée à soixante-dix centimètres dans les rangs et placée en échiquier, s'il y en a plusieurs rangs. Aussitôt après la plantation, elle recevra une forte mouillure. On la couvre d'un léger paillis pour l'abriter du soleil et du froid, jusqu'à la reprise et vers sa fin, mais l'on forme un petit bassin autour du pied de chaque plante, on y met un paillis et l'on arrose souvent.

Bette à poirée ou bette-carde.

Le nom de ce légume varie suivant les localités. La culture maraîchère le reconnaît sous la dénomination de carde-poirée, qu'il soit accepté comme bette-poirée, ou bette-carde, ou carde-poirée, il n'en est pas moins l'un des meilleurs légumes de nos jardins. La côte principale de ses feuilles est large et épaisse; c'est la seule portion que l'on mange; et bien assaisonnée, elle peut lutter, comme délicatesse et comme saveur avec le cardon.

Sa culture varie. Dans les marais, elle doit être

semée en juin, car c'est en avril et en mai, de l'année suivante, que les maraîchers en attendent les meilleurs produits. Dans les jardins bourgeois, la bette-carde sera semée dans le courant d'avril. Si la plante a été bien conduite, elle sera récoltée en août, et depuis août, jusqu'à l'hiver, pour peu que l'on ait soin de la couvrir de litière au moment où arrivent les gelées, elle redonnera, au printemps, une récolte nouvelle.

La graine de la bette-carde sera semée en pleine terre. Elle se repique et reprend aisément; mais j'ai pour habitude de ne la transplanter que dans les vides où la graine a manqué. Je suis resté dans l'usage, un peu ancien peut-être, mais préférable, dans un jardin bourgeois, de ne point arracher la bette-carde, comme font les jardiniers maraîchers. Je dépouille simplement le pied de ses feuilles, en commençant par les plus larges, remontant la cueillette à mesure que les feuilles supérieures prennent du développement. En procédant ainsi j'ai toutes les côtes de la plante, à peu près de la même grosseur, et dans le même état de maturité, ce qui ne peut avoir lieu pour la plante arrachée; car dans la touffe se trouvent en même temps les plus mûres et les moins avancées; et j'ai, de plus, au printemps, cette seconde récolte dont j'ai parlé.

Pour la semence, il faut bêcher sa terre profondément, en y enfouissant du fumier consommé. Cette terre, sur laquelle, avec une fourche de fer, l'on aura brisé les grosses mottes, sera rayonnée, en conservant vingt-cinq centimètres de distance entre chaque rayon; la graine très-clair-semée, puisque chaque pied doit être seul, on ouvrira un fort rayon, entre les rayons de semences, pour enterrer sa graine, et la terre sera ensuite nivelée avec un râteau.

Il faut, après avoir nivelé cette terre, y répandre une légère couche de terreau et donner une forte mouillure.

Lorsque le plant est assez fort pour être transplanté on en repiquera dans les places vides, en ayant soin de dédoubler dans les rangs les plants qui se trouveraient trop pressés. Arrosements fréquents et abondants par les temps secs. Paillis de fumier à demi consommé, lorsque la plante a atteint une hauteur de douze à quinze centimètres, et alors arrosements plus rares, qui seront même tout à fait supprimés s'il tombe un peu de pluie toutes les semaines.

Quelques précautions à prendre en cassant, à leur base, les premières feuilles; appuyer une main sur le pied, afin que la racine ne soit point ébranlée.

Betterave rouge et Betterave jaune dites de Castelnaudary.

Même ensemencement et même culture que la bette-carde; seulement point de paillis et arrosements moins fréquents. A mesure que la racine en grossissant sort de terre, il faut dégager la plante de ses feuilles inférieures.

Cardon.

On pourrait appeler le cardon le roi des légumes, il est du genre artichaut, auquel il ressemble par sa feuille et sa forme. Il a également sa pomme, mais là n'est pas sa richesse. Les parties comestibles du cardon, sont le pétiole et la côte des feuilles. Je n'ai jamais cultivé que le cardon de Tours; il est le plus épineux, il est vrai, partant plus malaisé à conduire, dans les différentes opérations qu'il doit subir avant d'être cueilli; mais il n'a pas du moins les côtes creuses, ce qui arrive fréquemment chez le cardon d'Espagne.

Le cardon de Tours est donc, selon moi, bien supérieur à l'autre; non-seulement parce que ses côtes en sont pleines, mais aussi parce que les côtes, souvent creuses, du cardon d'Espagne, annoncent des dispositions de tissus chanvreux, moins tendres à manger que la côte franche et bien nourrie du cardon de Touraine.

Cette plante est, sans contredit, la plus vigoureuse de nos jardins. Ayant plus de végétation que les autres, elle a aussi plus d'appétit, il faut qu'on la sème dans la meilleure, dans la plus substantielle terre de son jardin.

Je ne la sème qu'en mai, par la raison toute simple que le cardon semé en avril, s'il n'est pas mouillé outre mesure, pendant les chaleurs, est sujet à monter pendant l'été. Et par la quantité de liquide qu'absorbe le cardon semé en mai, l'on jugera des bains qui seraient nécessaires à celui semé en avril.

Je le sème toujours en place. C'est-à-dire que je ne le transplante qu'autant que toutes les graines ayant manqué à une même place, il faille y repiquer un cardon pour ne point laisser une place vide, ce qui est disgracieux dans un carré. Le cardon faisant une racine simple, pivotante, sans chevelu est d'une reprise difficile.

C'est donc en mai, dans le courant du mois, qu'il faut semer le cardon. Il faut, je le répète, pour le cardon, un très-riche sol, et le fumier pourri ne doit pas être épargné. La terre profondément labourée, j'enlève une pelletée de terre que je remplace par du terreau ; au milieu de ce terreau je plante un petit jalon. Je répète cette opération autant de fois que je veux de pieds de cardon, de façon à ce que mes jalons soient à un mètre l'un de l'autre ; et puis je sème deux ou trois graines de cardon au pied de chaque jalon. La graine doit être enfoncée avec le doigt, à trois ou quatre centimètres; je dois peut-être répéter ici ce que j'ai dit déjà pour d'autres plantes. Ce qui doit être toujours observé pour les plantes destinées à un développement considérable ; les jalons, aux pieds desquels le semis doit être fait, seront disposés en échiquier.

Jusqu'en août, le cardon végète chétivement. A ce moment, il prend tout à coup un accroissement considérable ; mais comme de mai en août il y a un temps assez long pour que la terre soit utilisée, on mettra dans la planche de cardons un fort paillis sur lequel on plantera de la romaine ou de la laitue. Les fortes mouillures données à ces nouvelles plantes profiteront aussi aux cardons, qui devront néanmoins recevoir des arrosements plus complets.

En effet, ce n'est qu'au moyen de fréquentes et fortes mouillures que l'on peut obtenir de beaux cardons. Et à mesure qu'ils se développent, la quantité d'eau qu'ils reçoivent doit être augmentée. Si la chaleur est élevée et que le temps soit sec, il faut à cette plante un arrosoir d'eau de douze litres tous les deux jours. Des arrosages restreints l'exposeraient à monter.

Vers la fin de septembre, il doit y avoir déjà des cardons assez forts pour être ce qu'on appelle *blanchis*, et l'on en blanchit ainsi jusqu'en novembre. C'est pour cette préparation difficile que les épines sont gênantes et souvent dangereuses.

Voilà comment cette opération se pratique.

Comme il n'est pas possible d'emmaillotter, avec ses mains, le cardon de Tours, à cause de ses longues et nombreuses épines, on en réunit les feuilles au moyen d'une corde, et on lie ensuite avec un lien de paille par en bas; un second lien entoure et enserre le milieu, un troisième lien est placé vers le haut de la plante. Lorsque le pied est ainsi lié, la corde qui a servi à faciliter les trois emmaillottages est enlevée. Le pied de cardon est alors enveloppé de litière longue, en laissant toutefois à découvert le sommet des feuilles. La litière sera serrée, avec trois liens, comme le cardon lui-même. Ainsi privé d'air, si le temps est sec, on lui donne une forte mouillure, une seule.

Au bout de trois semaines, le cardon ainsi privé d'air est assez blanc, assez tendre pour être cueilli. Après l'avoir coupé entre deux terres, on le démaillotte et on le pare pour le porter à la cuisine. C'est-à-dire qu'on lui laisse seulement les côtes et le collet de la racine.

Le jardinier calculera, pour blanchir ses cardons, sur les besoins probables de la maison; et il en emmaillottera au fur et à mesure dans la planche, se guidant sur cette donnée qu'il faut vingt ou vingt-deux jours pour blanchir chaque pied. Il devra songer aussi à en réserver une portion pour l'hiver.

Quand novembre est arrivé, on lie les cardons sans les couvrir de litière, et les ayant arrachés avec une portion de leurs racines et une forte motte de terre, ils seront aussitôt transportés dans une cave où du terreau aura été préparé. Là, ils seront dressés les uns contre les autres, les pieds buttés avec le terreau; et en les visitant toutes les semaines, et en ayant soin de leur ôter les feuilles qui pourrissent, on peut les conserver plusieurs mois.

Carotte demi-longue, hâtive

Je conseille cette carotte pour les jardins. Elle est

plus tendre, plus parfumée que la longue et vient plus vite. Elle sera semée en pleine terre vers les premiers jours de mars. Si l'on veut en avoir de primeur, sans avoir recours à la culture forcée, on en sèmera sur une côtière, vers la fin de janvier; seulement, la nuit, on aura soin de couvrir la côtière de paillassons ou de grande litière.

Sur les côtières ou en pleine terre, je procède toujours de la même façon pour la culture ou la semence. Seulement, pour la carotte faite en mars, je retranche la litière ou les paillassons.

Par un temps sec, on sème la carotte sur un terrain labouré et hersé (c'est-à-dire béché et ratissé). Quand la semence est faite, il faut plomber fortement le terrain avec les pieds, et voilà pourquoi je recommande de faire le semis par un temps sec; car la graine de carotte demande à être plombée, et le faire par un temps humide serait enterrer sa graine dans de la brique.

Une fois la terre plombée, on répandra sur elle une couche de terreau épaisse de deux centimètres. Sur ce terreau, l'on jettera une demi-semence de laitue de Batavia. On plombera le terreau, en lui donnant ensuite un léger coup de râteau. Cette seconde semence donnera de la salade excellente, qui sera récoltée avant qu'elle ait pu nuire au développement de la carotte.

J'indique de préférence la laitue de *Batavia*, parce que cette salade a toutes les qualités de la *Romaine*, qu'elle devient très-grosse sans être transplantée, et qu'elle monte plus difficilement que les autres variétés de laitues.

La carotte aime aussi beaucoup l'eau. Du reste, les semis d'été doivent être largement entretenus par les mouillures.

Le jardinier qui, malgré ma prédilection pour la carotte hâtive, voudra cultiver aussi la carotte longue, pourra la semer en juin et en juillet, et la conduire de la même façon que la première.

Cette semence de juin ou de juillet lui fournira des fruits pour sa provision d'hiver. La carotte arrachée avant les gelées, plantée à l'abri dans une couche de sable, se conserve fraîche jusqu'au printemps.

Céleri ordinaire, turc, rave.

Le céleri ordinaire, ou à grosses côtes, est le plus généralement répandu. Le céleri turc est plus court, plus trapu, préférable, selon moi, en ce que le goût en est plus fin, la côte plus grosse, le cœur plus fourni, et d'une culture moins coûteuse, puisqu'il ne nécessite point autant de main-d'œuvre pour enterrer les feuilles moins longues que celles du céleri ordinaire. Le céleri-rave est excellent lorsqu'il est cuit. Son tubercule, débarrassé de ses feuilles et des radicelles, enterré dans le sable, à la cave, se conserve frais une partie de l'hiver.

Dans la première quinzaine de mai, on bêche un coin de terre, à l'endroit le plus ombreux de son jardin. Je dis à l'ombre, parce que semé en plein soleil, le céleri peut être brûlé en naissant. Lorsque la graine est enterrée, on répand sur elle une couche de terreau, ou un paillis très-court. Je préfère un paillis qui résiste mieux aux arrosages. Il faudra donner tous les jours une légère mouillure, jusqu'à ce que le céleri soit levé; puis, lorsqu'il a atteint une hauteur de quinze centimètres, on devra le transplanter.

Cette opération doit se pratiquer ainsi :

Je creuse en pleine terre une tranchée, large d'un mètre trente-trois centimètres, c'est la largeur que je donne généralement à toutes mes planches, et profonde de trente-cinq centimètres, un peu plus, un peu moins. La terre qui en provient a été jetée de chaque côté, égalisée et battue de quelques coups de pelle, pour qu'il n'en tombe pas une parcelle dans la tranchée dès qu'elle sera plantée.

J'ai l'habitude, lorsque la tranchée a la profondeur voulue, avant d'en bêcher le fond, d'y répandre soit une épaisse couche de terreau, soit du fumier très-pourri, pour engraisser le terrain neuf. Lorsque le sol a été ainsi préparé, je plante le céleri. Comme le sol est très-maniable, cette opération sera faite à la main et sans se servir de plantoir. Une main creuse une petite fosse, tandis que l'autre main tient le pied de céleri. Celui-ci mis à la place qu'il doit occuper, les deux mains appuient la terre pour l'établir solidement en faisant adhérer la terre à ses racines. Le céleri sera planté à vingt centimètres de distance dans les rangs. Avant de le planter, l'on aura soin de dégager le pied des pousses latérales qu'il pourrait avoir, fussent-elles à l'état d'œilletons.

Au bout de deux semaines, le céleri aura déjà poussé du cœur. Lorsqu'il atteint quarante-cinq centimètres de hauteur, on songera à le blanchir; pour l'enterrer, l'on emploie la terre déposée sur le bord de la tranchée. Il faudra en briser soigneusement les mottes, et la répandre ensuite entre les plantes, en ayant soin de bien leur conserver leur direction verticale. Cette première opération chaussera le céleri de quinze centimètres de terre seulement, afin que le cœur dépasse un peu la couche. Quelques semaines plus tard, on renouvelle l'opération; et comme alors la terre de la tranchée dépassera le niveau du sol, il faudra la maintenir par un talus solide pratiqué à coups de plats de bêche sur les côtés.

Un mois après cette seconde préparation, le céleri sera bon à manger.

La culture du céleri turc est exactement la même que celle du précédent.

Le céleri-rave se sème de la même manière, seulement il sera planté en pleine terre sans tranchée. On lui donnera aussi de fréquents arrosages; des binages répétés, peu profonds, lui sont aussi nécessaires pour le dégager des mauvaises herbes que les mouillures occasionnent, et pour laisser autour de son tubercule une terre meuble, car une terre humide, durcie par le soleil, durcirait aussi sa racine, la seule partie comestible de cette plante.

Cerfeuil.

La culture du cerfeuil, en septembre, est la seule qui donne un résultat de durée. Les semences de printemps et d'été doivent être renouvelées tous les quinze jours; et par conséquent faites en petite quantité à la fois, car cette plante tend à monter aussitôt qu'elle est développée.

Cette culture éphémère sera pratiquée à l'ombre, ou dans un endroit humide s'il s'en trouve un dans le jardin; pour la semence de septembre, c'est autre chose. Le cerfeuil semé dans cette saison ne monte qu'au printemps, et fournit en abondance jusqu'aux gelées; et, pour peu qu'il soit abrité, on peut en récolter tout l'hiver. Au moyen d'une légère litière, il résiste à des froids rigoureux.

Comme le cerfeuil, semé à cette époque, est destiné à rendre des services l'hiver, j'ai soin de le placer à un endroit abrité des mauvais vents, et exposé au soleil. Pour cela, sans aucune préparation préalable à la terre, je le sème sur une côtière plantée déjà de choux-fleurs, ou de chicorée, ou de scarole, de salades qui se lient lorsqu'elles sont développées. De cette façon, le cerfeuil pousse à travers ces abris sans être étouffé par eux.

Une fourche, légèrement passée entre ces plantes, suffit pour enterrer cette graine. Si le temps est sec et chaud, arroser fortement; les autres plantes ne s'en trouveront que mieux, et le cerfeuil ne sera pas exposé à monter, ce qui pourrait arriver, s'il n'avait pas des mouillures répétées.

Chicorée.

Je ne conseille dans les jardins potagers que trois espèces de chicorées. Celle d'été, la rouennaise et la chicorée de Meaux.

Quant à la chicorée sauvage, elle est, dans un jardin bourgeois, à l'état de plante à demeure, au moins pendant une année; aussi doit-elle être faite dans un coin du jardin ou simplement en bordure.

Dans le milieu d'avril on sème la chicorée d'été, sur le coin d'une couche mère. Quand la graine est enterrée, la graine sera couverte d'une légère couche de terreau. On donne ensuite une mouillure. Le plant doit naître en plein air, c'est-à-dire sans châssis, et la graine a été clair-semée pour que le jeune plant puisse grandir à l'aise.

Cette chicorée sera plantée en pleine terre, les plants à 40 centimètres l'un de l'autre dans les rangs. Il faut la pailler aussitôt plantée et lui donner une forte mouillure.

Pendant toute sa croissance, on l'arrosera fréquemment. Tenue toujours humide, et fortement mouillée lorsque le temps est sec, on pourra la manger les premiers jours de juillet.

Quelques jardiniers ont l'habitude de lier deux fois la chicorée, à sa base d'abord, et plus tard à son sommet. Je ne puis approuver cette façon d'opérer. Entre la pose du premier lien et celle du second, il doit y avoir au moins dix jours de distance; pendant ce temps le plant reste en entonnoir, et l'eau qui s'y enfouit amène inévitablement la pourriture dans les feuilles attendries de la chicorée.

La chicorée rouennaise est moins crépue que l'autre. Elle se cultive comme l'autre; seulement elle sera semée en mai.

La chicorée de Meaux est celle que je préfère dans un jardin bourgeois, parce qu'elle est plus forte, plus robuste, et qu'en renouvelant ses semis, on en a toute l'année, et qu'elle peut être conservée pendant l'hiver en l'enlevant avec sa motte de terre pour la placer dans sa cave sur une couche de sable.

Cette chicorée, lorsque l'on cultive également les deux autres, sera semée les premiers jours de juin, et son dernier semis aura lieu aux premiers jours d'août, pour celle qui devra être blanchie dans une cave.

Comme cette variété devient plus grosse, elle sera placée à 50 centimètres l'une de l'autre dans les rangs.

La chicorée sauvage sera semée au printemps, en bordure ou dans une portion du jardin qui ne sera pas nécessaire pendant tout l'été. Elle a besoin aussi de fortes mouillures, et lorsque les besoins de la maison ne rendront pas nécessaire la cueillette de tout le plant, ce plant n'en sera pas moins coupé pour que la chicorée sauvage se renouvelle sans cesse tendre et fraîche.

Chou.

Je ne mentionnerai pas toutes les variétés de choux. Je ne parlerai seulement que de ceux que je conseille, et comme la culture de tous les choux, sauf les choux-fleurs et les choux de Bruxelles, est à peu près la même, celui qui sera tenté de cultiver les espèces que je n'indique pas, pourra s'en rapporter encore pour leur culture à celle que je vais indiquer pour les variétés que j'ai choisies.

Ces variétés sont :

Chou d'York;
Chou pain de sucre;
Chou de Shœnfurth;
Chou de Milan frisé.

Je parlerai plus tard des choux-fleurs ordinaires, du gros et petit Salomon, dont la culture diffère de celle des autres choux, ainsi que du chou de Bruxelles.

Le *chou d'York* est le plus précoce de la nombreuse famille des choux. Il est peut-être aussi le plus petit.

On doit le semer en septembre sur un coin de planche, et, si le temps est sec et chaud, le tenir pendant le jour presque constamment humecté, surtout vers le coup de midi, heure où le puceron est le plus redoutable, et cet insecte est amateur déclaré des jeunes choux, mais une légère mouillure le tue ou le disperse.

Lorsque le plant a deux feuilles, on dresse une planche, on la herse avec une fourche, et lorsqu'elle aura été recouverte d'une forte couche de terreau, on y repique la jeune plante qui restera là en pépinière jusqu'à ce qu'elle soit assez forte pour être définitivement plantée.

Après cette première opération de repiquage, on couvrira le jeune chou d'une légère litière, afin que le soleil n'en brûle pas les feuilles, et on lui donnera une bonne mouillure.

En novembre, on met les plants en place à 33 centimètres l'un de l'autre et en échiquier. Dans cette saison déjà rude, il faudra choisir pour cette seconde opération une belle journée, afin de pouvoir donner sans danger un arrosage.

Une fois le chou d'York repris, on aura peu à s'en occuper pendant l'hiver. Au printemps, au moment où les hâles commencent à durcir la terre, il faudra lui donner un profond binage et des mouillures quand le temps le permettra. Conduit ainsi, le chou d'York peut être porté à la cuisine dans les premiers jours de mai.

Le *chou pain de sucre* se sème à la même époque

que le précédent. Il se cultive de la même manière, seulement comme l'espèce est plus forte, au lieu de 33 centimètres, il sera planté à 45 centimètres dans les rangs.

Le *chou de Shœnfurth* est, à mon avis, le meilleur et le plus beau de tous les choux. Je ne saurais trop en recommander la culture. Délicatesse de goût, tendreté, et pour l'estomac aucun des inconvénients des autres choux; pouvant être cultivés à toutes les saisons et prenant un développement si considérable que, plantés à 1 mètre dans les rangs, au bout de quelques semaines ils enchevêtrent leurs feuilles.

La rapidité de croissance de ce chou est surprenante, et lorsque le terrain lui convient (en terrain neuf autant que possible, fortement fumé et fortement paillé) il prend des proportions énormes. Il y a deux ans, l'un de mes voisins manquait de choux. Je lui promis deux Shœnfurth et je les lui portai moi-même. De chez moi chez ce voisin, il y avait trois cents mètres, je me reposai à moitié route; et comme l'on riait de moi, lorsque je racontai cette halte, je fis peser ces choux par mon voisin. Les deux pesaient cinquante-trois kilog.

Il est difficile d'exagérer un fait dans un livre que l'on signe. Du reste, l'expérience est aisée et bonne à tenter. Celui qui cultivera convenablement le chou de Shœnfurth aura, comme usage, un légume excellent, et comme flatterie à son amour-propre, des choux de quarante à cinquante livres assurément.

Le *chou de Milan frisé* doit être semé au commencement de juin, pour être planté à la fin de juillet. Ce chou aime l'eau comme les autres variétés de son espèce, mais il faut un peu le laisser jeûner d'arrosage, afin qu'il ne pousse pas trop vite ; car ce n'est qu'en hiver que ce chou a pris toutes ses qualités. Alors que la gelée a donné aux autres choux un goût de musc, celui-ci au contraire, dans la gelée et sous la neige, conserve toute sa saveur.

Je ne parlerai du chou rouge que pour mémoire. Je ne cultive ce chou qu'en petite quantité et pour le mettre au vinaigre. Cuit, il s'empreint d'une saveur musquée insupportable.

Chou-fleur.

Comme je dois admettre que tout jardinier, ou tout homme ayant un jardin, doit tenir à honneur de s'occuper des melons ; que pour cette culture, inévitablement forcée, il faut des châssis et des coffres, pour utiliser d'une façon plus complète, pendant l'hiver, ces châssis et ces coffres, devenus inutiles jusqu'en mars, je conseille, en fait de choux-fleurs, la culture forcée du petit et gros Salomon. Les choux-fleurs, moins tendres à la gelée, moins hâtifs, viendront ensuite.

Entre le petit et le gros Salomon, il y a pour la maturité une différence d'environ deux semaines.

Pour l'article chou-fleur, je vais commencer par en indiquer la culture forcée. Et dans l'espèce ce n'est pas précisément la *culture forcée* qu'il faudrait dire, car il ne faut se servir d'aucune chaleur artificielle. Les jours que l'on gagnera pour arriver à la maturité, seront dus simplement à l'abri donné à cette plante contre les grosses hivernées.

Dans les premiers jours de septembre, on sèmera la graine du petit et du gros Salomon. Cette graine sera semée simplement en pleine terre sur le coin d'une planche soigneusement labourée et hersée. Elle sera enterrée à la fourche, recouverte ensuite d'une couche de terreau et immédiatement arrosée. On entretiendra la terre humide, et dix jours après la graine sera levée.

Lorsque le jeune plant a pris deux feuilles, non compris les cotylédons, il sera placé en pépinière, toujours en pleine terre et toujours entretenu par les arrosages lorsque le temps est sec.

Ces mouillures seront données vers midi. On débarrassera ainsi le chou-fleur des pucerons qu'il peut avoir, et la terre aura moins d'humidité pour la nuit.

Dès les premiers jours de novembre, le plant est déjà fort et surtout endurci contre les premiers froids. Si le temps a été à la gelée, il aura été recouvert, tous les soirs d'une litière légère, enlevée chaque matin après le lever du soleil. C'est vers le milieu de ce mois que le chou-fleur hâtif doit être définitivement placé dans les vieilles couches.

Il y sera distribué ainsi :

Le petit Salomon à vingt centimètres l'un de l'autre dans les rangs ; le gros Salomon à vingt-cinq centimètres.

Après la reprise du plant, ce qui a lieu au bout de quelques jours, il faudra donner de l'air aux couches, et ne les tenir fermées que pendant la nuit. Seulement, lorsque la gelée devient forte et qu'il arrive une serrée de neige, on les tiendra couvertes de paillassons. Par un froid excessif, on devra même faire un accot de terre autour de la couche, pour garantir le chou de la gelée ; mais il faudra le faire profiter de tous les instants de soleil et lui donner de l'air chaque fois que le temps s'adoucira, en ayant soin, si le plant a été longtemps privé de la lumière, d'amortir les rayons du soleil au moyen de litière sèche répandue sur le châssis.

Comme le chou-fleur ne prend un développement véritable qu'en février, l'on peut utiliser la terre qui reste libre dans ses rangs, pendant l'hiver, en y plantant de la laitue gotte.

Dès qu'on aperçoit la pomme du chou-fleur, il faut veiller incessamment sur elle. Aussitôt qu'elle est parvenue au tiers de sa grosseur, elle sera recouverte et privée d'air au moyen d'une feuille détachée de la tige ; et cette précaution sera continuée jusqu'à la maturité de la pomme ; et en employant pour cela une feuille souvent renouvelée.

La tête du chou-fleur est bonne à cueillir dès qu'elle commence à se desserrer.

La graine du chou-fleur de printemps, *demi-dur*, doit être semée à la même époque que celle du précédent, et la plante doit être soignée exactement comme celle destinée à la culture forcée. Seulement comme elle est restée plus longtemps en pépinière, elle est beaucoup plus forte que l'était sa devancière, au moment d'être plantée. Le chou-fleur de printemps est planté en côtière dans le courant de février et à quarante-cinq centimètres l'un de l'autre dans les rangs.

J'arrive maintenant au chou-fleur d'été, ou demi-dur et dur, aisé à distinguer du chou-fleur de printemps, par sa feuille plus large et sa tige plus grosse.

Celui-ci sera semé les premiers jours de mai, assez clair pour que l'on ne soit pas obligé de le mettre en pépinière, et il sera planté les premiers jours de juin.

C'est le chou-fleur dur d'automne qui offre le plus d'avantages aux jardiniers ; grâce à cette variété *résistante*, on mange du chou-fleur toute l'année. C'est vers le 15 juin qu'il doit être semé sur une planche ombragée et humide, pour préserver le jeune plant du puceron. La graine de cette variété sera semée avec parcimonie pour éviter aussi le temps passé en pépinière. Ce chou sera bon à planter au premier août. Il faut avoir soin, avant de l'arracher, de mouiller fortement la terre, afin que les racines ne soient point brisées. Comme le chou-fleur d'automne doit avoir à traverser les mois les plus chauds de l'année, il faudra l'arroser à grande eau ; et bien mené, les premières pommes se montreront en octobre.

Lorsque novembre arrive et avant cette époque si le temps s'annonce rigoureux, il faut songer à mettre à l'abri les têtes de choux-fleurs que l'on veut conserver ; pour cela on doit songer plutôt à un cellier qu'à une cave. L'humidité chaude de la cave toucherait la pomme du chou-fleur ; et, pour ce légume, tache signifie bientôt pourriture.

J'admets donc un cellier. On enfonce sur le côté des solives autant de clous que l'on veut conserver de têtes de choux-fleurs. Ces clous sont espacés de trente centimètres.

Donc, en novembre et par une belle journée, dans ses planches de choux-fleurs on fait choix des plus belles têtes ; on les coupe de façon à leur laisser une tige de quinze centimètres de longueur, et cette tige étant débarrassée des feuilles qu'elle peut avoir en exceptant toutefois les petites feuilles qui bordent la pomme du chou-fleur, on attache à son extrémité une ficelle de vingt-cinq centimètres, destinée à attacher chaque tête à chaque clou.

Le cellier sera choisi de façon que l'on puisse y établir un courant d'air, et tant qu'il n'y aura ni gelée, ni grande neige, ni brouillard humide, on pourra laisser l'air y circuler librement. Ce légume, avec ces précautions, peut se conserver frais pendant plusieurs mois ; seulement il sera bon de détacher la veille ceux qui doivent être mangés le lendemain, afin que leur tige trempe dans l'eau pendant la nuit. Dans ces quelques heures, la pomme du chou-fleur reprend toute sa fraîcheur et toute sa dureté.

Ciboule.

La ciboule est de la même famille que l'oignon, bien qu'elle en diffère par sa base qui ne forme pas d'oignon proprement dit ; mais elle en a la même saveur, et peut, jusqu'à un certain point, le remplacer lorsqu'il vient à manquer. C'est dans le mois de mars que sera semée la ciboule, sur une planche labourée avec soin, finement hersée et terreautée.

La ciboule sera semée en place, c'est-à-dire qu'elle sera clair-semée, ne devant point être replantée.

Comme une portion des ciboules doit rester en terre dans les jardins potagers, il sera inutile d'en semer chaque année. Chaque plante qui aura été inutile aura formé plusieurs caïeux ; ils font touffe au printemps et alors, en les divisant, on les replante un à un, et l'on a de la ciboule aussi bonne et plus hâtive.

Ciboulette.

Le nom indique le même genre et la même famille que la précédente, en désignant en même temps quelque chose de plus petit. Cette plante est d'un usage assez restreint; aussi ne doit-elle tenir que peu de place dans un jardin. Mais quoiqu'elle soit bien vivace, il faut encore choisir son terrain. Il doit être frais et un peu ombragé. Le grand soleil l'étiole et la durcit.

Il est complétement inutile de semer la ciboulette, celui qui n'en a pas en trouve toujours chez son voisin. On la plante alors en petites touffes et elle dure plusieurs années, si l'on a soin de la débarrasser des herbes de toutes sortes qui se mêlent à ses infiniment petits caïeux. La ciboulette réussit très-bien en bordure.

Concombre, grosse espèce.

J'indique seulement la culture du concombre *grosse espèce*, le concombre blanc hâtif étant généralement destiné à la culture forcée et étant moins avantageux par le volume de ses fruits que celui ordinairement cultivé en pleine terre.

C'est au commencement du mois d'avril qu'il faut semer le concombre *grosse espèce* sur un bout de couche chaude, et sous châssis. Les personnes qui n'auraient pas de couches, peuvent le faire naître sous une cloche; et enfin les plus déshérités n'ayant ni cloche ni châssis le feront lever également sur une côtière en le semant un peu plus tard. Au bout d'un mois, le plant est assez fort pour être repiqué en pleine terre.

Il faudra choisir soit une côtière, soit un endroit abrité pour planter ses concombres en pleine terre. On les plante d'ordinaire à un mètre trente-trois centimètres dans les rangs. La terre, au préalable, aura été bien divisée à la bêche, c'est-à-dire qu'elle aura été labourée menue. On devra enlever le pied de concombre avec une motte, et l'enfoncer dans le trou qui sera fait à l'avance pour le recevoir, jusqu'aux cotylédons. Si l'on peut disposer de cloches on en couvrira chaque pied, et la cloche sera recouverte de litière. Cela aidera beaucoup à la reprise qui sera complète au bout de cinq à six jours après la plantation, alors il faudra à la plante le jour et la lumière en enlevant les cloches ; pailler fortement la terre et donner une bonne mouillure.

Le concombre en pleine terre a plus souvent besoin d'être arrosé que celui qui est fait en tranchée ou sur couche.

Lorsque le concombre a huit feuilles, il sera étêté, au-dessus de la troisième, et ne tardera pas à pousser des rameaux qui bientôt couvriront la terre.

Le concombre, fait dans ces conditions, et bien entretenu d'eau, lorsque le temps est sec, donnera ses fruits en septembre et octobre ; quelques-uns même déjà, fin d'août.

Cornichon.

Le cornichon se cultive de la même façon, et

sera fait à la même époque. Le fruit sera cueilli dix jours après qu'il sera noué ; et, régulièrement récolté, il fournira des fruits en abondance ; ce qui n'aurait pas lieu si on laissait grossir quelques fruits qui prendraient pour eux une trop forte part de séve.

Cresson alénois.

On ne sait trop de quel pays nous vient cette plante ; mais elle doit avoir été importée d'une contrée où les plantes sont vivaces, car elle croît rapidement. Elle est assurément la végétation la plus active de nos jardins, et elle a pour naître la même activité que pour croître.

Le cresson alénois est une excellente garniture de salade, et beaucoup de personnes le mangent sans mélange. Cette plante peut être aussi employée comme le cresson de fontaine. C'est un dépuratif excellent. Seulement, comme le cresson alénois pousse vite, il monte promptement, il faut en semer un bout de planche tous les huit ou dix jours sous peine d'en manquer, car il ne donnera que deux coupes, malgré des arrosages fréquents.

On commencera à semer le cresson alénois en pleine terre, la dernière quinzaine d'avril. Semé en rayons, la cueillette est plus facile ; semé à la volée, il est plus développé, plus nourri. Après que la graine a été enterrée à la fourche, on la couvre d'une légère couche de terreau, et l'on arrose.

Au bout de quelques jours, la graine a levé ; au bout de quelques autres jours, la plante a dix centimètres de haut, c'est-à-dire qu'elle est bonne à être coupée.

Épinard.

L'épinard, aujourd'hui, n'a pour moi que deux variétés que l'on doive cultiver. L'un à graine piquante, dit épinard anglais, l'autre à graine ronde, dit feuille de laitue.

L'un et l'autre ont leurs qualités et leurs défauts.

L'épinard d'Angleterre pousse plus vite. Il est moins succulent, il est vrai, mais la rapidité de sa croissance le rend préférable pour les premiers semis de printemps, alors que la terre n'est pas encore réchauffée par le soleil. Par contre, il craint les grandes chaleurs et l'on doit abandonner cette variété d'épinards pour les semis d'été.

L'épinard à feuille de laitue, au contraire, supporte avec d'abondantes mouillures les plus grandes chaleurs. Cette plante qui végète chétivement jusqu'au mois de mai, devient luxuriante de séve, quand l'épinard anglais, malgré les arrosages, languit à côté d'elle.

Du reste, qu'il soit anglais ou à feuille de laitue, l'épinard d'été ne doit avoir qu'une existence éphémère, c'est tout au plus s'il donne deux cueillettes ; malgré les arrosages fréquents, il est impossible de l'empêcher de monter. Pour ne point être privé de ce légume si parfait, en ce qu'il est délicieux au goût et salutaire à la santé, il faudra donc, pendant la chaleur, renouveler tous les mois ses semences.

Ce n'est guère qu'à la fin de juillet que l'épinard devient une plante durable. Ceux qui sont faits à cette époque donnent des feuilles même pendant l'hiver, surtout par des hivers neigeux, et peuvent être cueillis une fois ou deux au printemps.

La manière de cultiver ces deux variétés d'épinards est absolument la même.

Bien que l'on sème d'ordinaire dans les jardins potagers l'épinard en rayons, je ne le sème jamais qu'à la volée. En rayons, l'épinard est trop serré, le plant se gêne et s'étiole. Semé à la volée, le plant a plus de place ; les feuilles sont plus larges, mieux nourries. Le goût en est meilleur.

Fait ainsi, l'épinard ne peut être biné, il faudra avec la main le débarrasser des mauvaises herbes.

La terre qui devra recevoir la semence de l'épinard ne sera pas bêchée profondément, la racine de cette plante se plaisant mieux dans la terre ferme, ou mieux encore dans celle qui n'a point été remuée. Quand la graine est semée, on l'enterre avec une fourche, et l'on plombe avec les pieds la terre sur laquelle il faut répandre une couche de terreau que l'on régularise avec un râteau.

Arrosages fréquents et abondants.

Estragon.

La culture de cette plante est fort restreinte, c'est tout au plus si l'on en trouve quelques pieds dans les jardins potagers, et comme elle a trois ou quatre années de durée, semer de l'estragon est chose rare.

C'est en avril qu'il faudra semer l'estragon à la volée dans un coin de son jardin. Lorsque les jeunes tiges seront hautes de quinze à vingt centimètres, elles seront coupées près de terre. Après cette première cueillette, on arrache les pieds, et on les replante à l'endroit où l'on veut les laisser à demeure, en bordure ou dans un coin qui ne soit pas trop exposé au soleil ; il faut les espacer au moins de cinquante centimètres, car cette plante forme touffe et prend un assez fort développement.

Une fois qu'un jardin est pourvu d'estragon, on n'a plus à en semer, la plante entretient la plante. Quand il se répand trop, on peut l'arracher tous les trois ans et le planter dans une terre nouvelle. De cette inutilité de emence vient la rareté de la graine d'estragon. n la trouve seulement chez les grainetiers bien approvisionnés, et beaucoup de jardiniers la nient. J'ai entendu souvent des jardiniers expérimentés m'affirmer que l'estragon ne rapportait point de graine, et cette affirmation, jusqu'à un certain point, peut être motivée ; car dans certaines parties de la France l'estragon ne fleurit point.

Fraisier.

Il y a aujourd'hui une si nombreuse famille de fraisiers, que pour les mentionner tous en détaillant leurs avantages et leurs inconvénients, il me faudrait sortir des limites que je me suis imposées sur les proportions de ce livre.

Mon intention en l'écrivant est que l'effet qu'il doit produire, en soit spontané ; il a pour but d'improviser des jardiniers, ou pour m'expliquer plus clairement de faire, en quelques jours, un jardinier d'un homme qui ne l'est pas. Je ne puis donc suivre les plantes dans toutes leurs variétés, je dois me contenter de signaler les plus avantageuses, les préférables, en donnant toutefois sur les autres assez d'indications, pour que l'instinct du lecteur se mette à même de les cultiver, s'il lui prenait envie de joindre à sa culture telle ou telle variété de telle ou telle plante.

Agir autrement que je ne fais eût été entreprendre une œuvre énorme et d'une efficacité douteuse, car je ne saurais trop le répéter, pour qu'un livre comme celui-ci soit lucide, il faut qu'il soit court, et sa concision courrait risque de devenir confusion, si, après avoir parlé du fraisier, par exemple, et après en avoir suffisamment indiqué la culture générale, je me laissais aller à l'expliquer dans toutes ses variétés, en disant seulement quelques mots sur chacune d'elles, ou formerait déjà un gros volume.

Je dois donc simplement, mais fermement admettre qu'un homme disposé à s'occuper d'un jardin, ne peut rester longtemps étranger aux plantes qu'il cultive d'après la science d'autrui. Il apprendra peu à peu à connaître ces plantes par lui-même, et les suivant feuille à feuille, finira par modifier quelquefois la culture que j'indique, amené là par la connaissance précise de son terrain que, moi, je ne connais pas.

Ce premier pas franchi, le jardinier commence de la culture appliquée à chaque espèce et déduira la culture applicable à chaque variété; et, partant d'un point réel, sa propre expérience, il sera jardinier comme moi.

La fraise est du goût de tout le monde. Beaucoup de gens n'aiment pas l'ananas, mais je suis encore à trouver quelqu'un qui n'aime point les fraises.

La fraise est-elle un fruit, ou simplement un parfum?

Elle est un parfum inimitable, si l'on ne parle que de la fraise des Alpes ou de la Reine des quatre saisons. Elle est un fruit plus ou moins savoureux si l'on entend par fraises, l'Anglaise, la Plougastel, et, partant de là, toutes les variétés obtenues, et dont quelques-unes sont énormes. Assurément toutes ces variétés constituent encore un fruit savoureux; mais de là au bouquet des deux premières dont j'ai parlé, de cette bergère et de cette reine, il y a la distance du jardin potager au paradis terrestre. Aussi toutes mes sympathies sont-elles pour les fraises des quatre saisons.

Du reste, qu'il soit fruit ou parfum, le fraisier a besoin de toute la sollicitude du jardinier. Ce n'est ni en bordure ni en côtière que je le plante. En bordure l'on ne peut lui donner la culture convenable et les arrosements nécessaires sans salir ou mouiller les allées ; et comme les côtières sont généralement en pente, il est difficile d'apprécier au juste le trop ou le trop peu d'une mouillure répandue dans ces conditions.

Et puis, on se ferait une idée fausse de cette plante si on la soupçonnait d'aimer exclusivement une terre trop chauffée par le soleil.

Un fait à l'appui de cette assertion :

Cela remonte à l'époque où le duc de Valence était ambassadeur d'Espagne à Paris. Vous voyez que je ne parle pas d'hier. Le maréchal voulait bien m'honorer de son amitié, je lui dédiais un livre, c'est tout au plus si aujourd'hui je sais lequel. En retour de ce souvenir plus que modeste, le duc de Valence voulut donner à ma femme un dîner presque officiel. Au dessert, quoique l'on fût en avril, il y eut profusion de fraises des quatre saisons, c'est entendu, et venues en culture forcée. Leur parfum se répandit aussitôt dans la vaste salle à manger, et attira sur les fruits l'attention de tous les convives.

Et comme le maréchal, qui adorait notre pays,

s'extasiait sur les *merveilleux* fruits de France, je lui dis :

— Mais, maréchal, je crois qu'en fait de fruits, l'Espagne n'a rien à nous envier ?

Il sourit, et répliqua simplement :

— Mes raisins de Lojà sont moins bons que vos chasselas de Fontainebleau, et pourtant ils font le vin de Malaga. Quant aux fraises, il m'est presque impossible d'en obtenir dans mes jardins. La terre y est tellement chauffée par le soleil qu'elle se crevasse et que le soleil y cuit le pied malgré les arrosages.

Je ne répondis pas, mais je m'étais déjà promis que le duc de Valence aurait des fraises dans ses jardins. En effet, lorsque le terrain fut préparé pour la quantité de fraisiers que je voulais y établir, je fis planter. Aussitôt après la reprise, des ouvriers soigneux couvrirent cette terre d'une rangée de briques posées à plat, et assez disjointes pour que le plant qui se trouvait entre elles ne fût pas meurtri. Je fis donner de fréquentes mouillures. Lorsque le plant se fut développé, quand la chaleur grandit, une forte couche de fumier à moitié consommé fut répandue sur les briques ; les arrosages continuèrent, et, depuis lors, le maréchal mangea des fraises excellentes.

En France, notre soleil, quoique chaud, ne nécessite pas entre les fraisiers des couches de briques, mais il exige impérieusement une forte paillure, et voilà pourquoi je cultive les fraises en planches, dans le milieu de mon jardin.

Je plante en pleine terre le fraisier de grosse espèce, et dont la récolte est une, à trente centimètres l'un de l'autre dans les rangs. Je ne le replante pas chaque année ; en le binant au printemps, avec un bon paillis sur sa terre fraîchement remuée et des mouillures, il arrive aisément à complète maturité, mais il faut avoir soin de le débarrasser presque tous les jours de ses fils jusqu'à la cueillette. Ce temps passé, on pourra lui laisser quelques fils au moyen desquels on renouvellera son plant.

Il faut du reste à ce fraisier beaucoup moins d'eau qu'au fraisier de tous les mois et des quatre saisons. Une fois que la terre est protégée par le paillis, après une bonne mouillure, il pourra aisément arriver à la maturité de ses fruits, sans beaucoup d'autres arrosages, à moins que le printemps ne soit sec et chaud.

C'est en août que je plante ces variétés de fraisiers.

C'est aussi à la fin d'août que je plante les fraisiers d'espèces mignonnes : *fraises des Alpes*, et *reine des quatre saisons*. Une seconde plantation se fait en avril ; la première donne ses fruits au printemps, de juin en septembre ; la seconde d'août jusqu'aux gelées.

Je n'ai pas caché ma prédilection pour ces fraisiers types, qui nous donnent des fruits une partie de l'année ; je les surveille avec sollicitude, ayant souvent à en défendre les racines contre le ver blanc. Les mouillures excessives auxquelles je soumets les fraisiers remontants, me débarrassent le plus souvent de cet ennemi intraitable; mais quand, malgré les mouillures, un pied jaunit, il faut l'arracher en enlevant sa terre dans laquelle on trouvera certainement le ver blanc. Si l'on retarde ce sacrifice pour sauver un plant de fraisiers, on en exposera vingt autres; car la même larve pourra détruire toute une planche.

Je crois inutile de renouveler chaque année le *fraisier des Alpes* et la *reine des quatre saisons*; seulement il faut que la touffe soit arrachée, puis dédoublée pour être remise en terre. Il est aisé, du reste, tous les deux ou trois ans, de renouveler son plant par un semis, et j'expliquerai la façon de s'y prendre, en parlant de la fraise des Alpes pour la culture forcée, car on doit les honneurs de la culture forcée à cette plante, ne fût-ce que pour donner en avril, à un malade ou à un être cher, des fruits délicieux.

La fraise des Alpes en culture forcée sera renouvelée tous les ans par semis. Pour cela on devra, au commencement de juillet, choisir en parfait état de maturité les plus belles fraises venues en pleine terre. A cette époque, il n'y a plus de fraises de la culture forcée. On écrase ces fruits dans l'eau, et lorsque les graines en provenant seront à peu près séchées à l'air et non au soleil, on les sèmera sur un coin de terre que l'on puisse au besoin ombrer avec un paillasson, car il ne faut pas que le dessus de cette terre, après les légers arrosages qui lui seront donnés, soit durci au soleil, ce qui arriverait après les demi-arrosages nécessaires, à la germination de cette graine.

Si la terre reste meuble, après les deux ou trois petites mouillures données chaque jour, la graine sera levée au bout de deux semaines. Quatre semaines plus tard, le plant est bon à être mis en pépinière, toujours en pleine terre. Quelques plants fleuriront. Il faudra les débarrasser de ces fleurs et des coulants qu'ils pourraient faire. Vers le milieu de novembre, les fraisiers seront plantés à demeure à vingt-cinq centimètres l'un de l'autre et non sur une couche, mais bien sur une planche bêchée avec soin. Les plants seront distribués de telle sorte qu'ils occuperont la longueur et la largeur d'un panneau à trois châssis.

Aussitôt que les froids seront venus, on couvrira les planches de coffres et de châssis, et l'on entretiendra ainsi son plant dans une faible végétation, jusqu'aux premiers jours de février, époque à laquelle le fraisier sera forcé. Alors on enlève, tout autour des coffres, la terre sur 30 centimètres de largeur, et à une profondeur de 50 centimètres. On emplit cette fosse circulaire de fumier chaud qui sera remanié, mêlé à du fumier neuf, entièrement renouvelé si le froid est intense, et l'on donnera de l'air aux fraisiers, chaque fois qu'il y aura du soleil.

A mesure que le plant se développera, il sera entretenu propre. On le débarrassera des feuilles jaunes, et même de quelques feuilles vertes, si le plant est trop touffu ; et cela, avec un soin plus minutieux, à mesure que le fruit grossira.

Si les précautions contre la gelée ont été bien prises, si le plant a été tenu proprement, si les soins n'ont point manqué, ces fraisiers commenceront à donner en avril, et continueront jusqu'à ce que les fraises cultivées en pleine terre arrivent à leur maturité.

Haricot.

Ce légume joue un rôle si important dans la consommation, chez le riche et surtout chez le pauvre, que je me crois obligé de signaler les meilleures espèces, bien que la nomenclature en soit longue. Et comme la culture générale du haricot varie peu, j'indiquerai les avantages de chaque variété, réservant pour la fin de cette longue liste le mode de culture. Note qui sera close par des indications peut-être nécessaires à quelques-uns de mes lecteurs, *sur la culture forcée* du haricot.

HARICOTS A RAMES, A PARCHEMIN. — *Haricot de Liancout*, graine blanche, grosse variété très-rustique, n'exigeant pas un grand soleil, et moins sujette à se tacher par les années humides.

Haricot riz, plante très-vivace, à rame blanche, ronde, toute petite; variété d'un manger très-délicat, surtout en sec.

Haricot sabre, plante de terre forte, très-vivace, à très-grandes cosses, graine blanche et longue.

Haricot Saint-Seurin, variété toute nouvelle, très-productive et particulièrement recommandée pour consommer en aiguilles et en grains frais. Laissant à désirer comme farineux et comme finesse de goût pour être mangé en sec. Grain blanc, zébré violet.

Haricot grand Soissons, l'une des variétés les plus répandues; d'un grand secours, particulièrement dans la classe ouvrière des champs, comme légume sec, pendant l'hiver.

Haricot rouge d'Espagne, très-bon pour être mangé sec, et particulièrement en purée.

Il y a aussi parmi les haricots à rames, et à parchemin, une variété toute nouvelle, très-avantageuse comme produit, mais qui malheureusement craint l'humidité et le froid, et ne peut être cultivée que dans le midi, ou tout au plus le centre de la France. Cette variété est connue sous la dénomination de *haricot asperge :* il devient très-haut; ses gousses sont rondes et fort longues. En grain frais, il est délicieux à manger; mais il lui faut un grand soleil et pas d'air froid. Dans les climats moins tempérés que ceux que j'indique, celui qui aura une côtière dont le mur ne sera pas tapissé d'espaliers pourra tirer un bon parti du *haricot asperge.*

Dans ces conditions, j'en ai récolté de beaux et d'excellents dans l'Orne.

HARICOTS A RAMES, SANS PARCHEMIN, vulgairement nommés, *haricots mange-tout.*

Le lecteur trouvera peut-être que je parle trop longuement de ce légume, mais il est d'un si grand secours pour les populations que je cherche à faire connaître ses variétés les plus avantageuses et puis, par nature, il se rattache aussi à la grande culture, et c'est un double motif pour m'occuper plus particulièrement de lui. On ne pourra donc me savoir mauvais gré d'avoir insisté sur tant de variétés de ce légume; il ne peut point oublier qu'il joue, dans l'alimentation générale, un rôle presque aussi important que la pomme de terre, ce légume providentiel que l'on cherche chaque année à enrichir d'une variété nouvelle.

C'est surtout pour le *haricot mange-tout*, que le jardinier doit être difficile. Pour être mangé frais, il faut que la cosse et le grain aient autant que possible les mêmes qualités succulentes, ce que l'on n'obtient que des variétés perfectionnées. Ce n'est donc pas tant à la quantité de variétés qu'il faut s'arrêter qu'à leur qualité, aussi je ne citerai que les meilleures.

En variétés depuis longtemps connues je citerai :

Le haricot de Prague marbré, ou haricot coco rose.

Le haricot de Prague rouge, ou haricot coco rouge.

Haricot prédommé, grain blanc, rond.

Haricot princesse, grain blanc, rond, un des meilleurs haricots mange-tout.

Et enfin dans les variétés nouvelles :

Haricot d'Alger, ou haricot beurre noir, cosse jaune, tendre et excellente, même lorsque le grain est gros.

Haricot beurre blanc, à rames, grain blanc ovale.

Haricot beurre Saint-Joseph, grain rond, moyen, jaune terne, marbré de noir. Le dernier de tous les haricots mange-tout, à rames, est le plus hâtif.

Haricots nains, a parchemin. — *Haricot Bagnolet*, grain long, fond noir violacé, assurément l'un des meilleurs pour manger en vert, et pour conserver ; il est très-productif.

Haricot Bagnolet, blanc, variété excellente.

Haricot flageolet nain, hâtif, de Hollande. Très-bon surtout pour la culture forcée.

Haricot jaune, très-hâtif, très-délicat, en grains écossés frais.

Haricot noir de Belgique, très-hâtif.

C'est celui que je préfère à tous pour manger en aiguilles ; car il est bien entendu que dans les haricots mentionnés, *haricots à parchemin*, tous se mangent en aiguilles, et ne deviennent durs, parcheminés, que lorsque le grain est formé. Le *haricot noir* hâtif belge est de tous les haricots celui qui produit le plus, et l'on double son produit par des moyens que d'autres variétés ne sauraient supporter, car le haricot aime peu les mouillures. Le belge, au contraire, si le temps est sec et chaud, peut être arrosé tous les jours ; et pour peu que l'on ait soin, en le traitant ainsi, de cueillir les aiguilles quand elles ont atteint la moitié de leur développement, on fait une récolte de durée et si abondante qu'elle surprend, car sur le pied cueilli la veille, les aiguilles foisonnent le lendemain.

Je conseille donc de préférence à tous les autres, le *haricot belge*, pour être mangé en aiguilles. Il est tendre, savoureux, et en en semant une planche tous les quinze jours, l'on peut aisément fournir de haricots verts, pendant tout l'été, une nombreuse famille.

Enfin, je clorai cette série de *haricots nains* à parchemin, par les Soissons.

Haricot Soissons nain, ou haricot gros pied. Celui-là est trop connu, et son usage trop répandu pour qu'il soit utile de parler de ses qualités.

Haricots nains mange-tout. — Je parlerai d'abord des variétés nouvelles.

Haricot d'Alger hâtif, supportant aisément les nuits fraîches et l'humidité, fournissant moins d'aiguilles que le *haricot belge*, mais aussi succulent, et durcissant moins que ce dernier par un temps sec et chaud.

Haricot beurre blanc, nain, grain violet, marbré de gris, très-farineux.

Haricot prédommé nain.

Et pour clore cette longue liste,

Haricot nain, gigantesque, grain blanc très-productif.

Pour semer le haricot, soit dans les champs, soit dans un jardin, il faut une terre préparée à l'avance par plusieurs façons, s'il est possible, et tamisée de telle sorte qu'il n'y reste pas une motte. Cette semence doit être faite par un temps sec, et le grain mis en terre sera légèrement couvert, afin que l'humidité ne le gagne point. Je sème d'ordinaire le haricot en rangs et en échiquier, mais rarement en rayons, si ce n'est dans le fort de l'été, lorsque je crois utile d'arriver à la terre fraîche. Deux personnes sont nécessaires pour le semis, du moment qu'il est de quelque importance ; le piocheur et le semeur. Le premier, avec une houe légère, enlève la portion de terre destinée à couvrir la semence, et il la conserve sur sa houe, jusqu'à ce que le second, qui le suit pas à pas, ait posé cinq ou six grains de haricots dans le creux qui a été fait ; alors le piocheur laisse retomber légèrement, sans la tasser, la terre sur ces grains, et il continue.

Après cette opération, une seule façon doit suffire pour arriver à la récolte du haricot, car il faut qu'il soit semé épais pour conserver la fraîcheur nécessaire à la formation et à l'accroissement de l'aiguille ; et une seconde façon détruirait une partie de ses branches déjà enchevêtrées. Si le temps est sec et chaud, cette façon sera donnée le soir de préférence, afin que le plant, toujours un peu déchaussé par ce binage, se remette plus aisément pendant la fraîcheur de la nuit.

La cueillette en vert de ce légume ne se fait pas toujours avec les précautions que comporte cette plante, aussi susceptible qu'elle est vivace. Il arrive fréquemment que l'on déracine le pied en arrachant les aiguilles, et un pied de haricot pour peu qu'il soit déchaussé est perdu.

Je recommande donc à ceux qui le cueillent en aiguilles ou en grains frais d'appuyer le plant à la terre de la main gauche, tandis que la main droite en retire les fruits.

Culture forcée. — Maintenant, quelques lignes pour la culture forcée du haricot. Je conseille, pour cette culture le haricot à feuille gaufrée comme étant préférable à tous les autres, et je ne parlerai que de la culture d'avril, la culture de février étant impraticable dans les jardins bourgeois, où l'on n'a guère l'habitude de se lever les nuits par les temps les plus froids pour surveiller les plantes. C'est donc plutôt culture *avancée* que forcée qu'il faudrait dire.

Vers la fin de mars ou au 1er avril, on fait un bout de couche composé d'une couche de fumier neuf, sur lequel on répand une autre couche de 15 centimètres de terreau. Après quelques jours, la plus grande chaleur est passée, on égalise le terreau, on le plombe, et puis l'on sème le haricot grain à grain assez épais, mais néanmoins à une distance assez grande pour qu'il puisse être arraché à l'aide d'un plantoir.

En attendant que le haricot lève, ce qui a lieu bientôt, on laboure la terre où il doit être repiqué. La terre est ensuite divisée selon la longueur et la largeur des coffres et des châssis. Lorsque les coffres sont placés, on recouvre la terre de 2 ou 3 centimètres de terreau, et quatre ou cinq jours après que les haricots sont levés, il faut s'occuper de leur plantation. Ceci fait, on couvre le coffre de châssis, sur lesquels on étend des paillassons le jour, jusqu'à ce que le plant soit repris ; on donne ensuite de l'air, et il faut arroser si le temps est sec et chaud. Les haricots faits dans ces conditions peuvent être débarrassés des châssis au moment de la floraison, pour les recouvrir les nuits, si les nuits redeviennent froides. Mais plus ils ont du grand air, et plus ils sont robustes. On leur donnera aussi des mouillures tous les deux ou trois jours, si le temps reste sec, car la sécheresse ferait couler les aiguilles.

Cette culture *avancée* du haricot donne des fruits jusqu'au moment où les haricots semés en pleine terre arrivent à l'état de cueillette.

Mâche (doucette).

La culture de cette plante est des plus faciles ; il s'agit seulement d'en répandre la graine sur la terre, et il n'est même pas nécessaire que cette terre soit labourée. La seule condition qu'exige la mâche, c'est de ne pas être semée au milieu d'autres herbes. Partout où elle est seule, n'importe dans quelles conditions, elle sait se tirer d'affaire. Pour l'obtenir plus tendre, plus vivace, lorsqu'elle est semée il faudra répandre sur la graine, une légère couche de terreau qui sera égalisée avec un râteau. Cette graine sera très-peu enterrée. C'est en septembre que la mâche (doucette) doit être semée. Il est une espèce plus tardive, connue dans les jardins potagers sous la dénomination de mâche d'Italie, celle-là est plus tardive ; c'est en octobre qu'elle sera semée sur une terre labourée, mais fortement plombée. Cette dernière, selon moi, est préférable. Les feuilles en sont plus longues, plus larges, et c'est pour ces avantages et pour les obtenir plus complets que la mâche d'Italie sera semée plus claire que la première.

La culture de la mâche utilise fructueusement les terrains qui resteraient inoccupés pendant l'hiver, et sa récolte donne d'excellente salade, au moment où ce légume est rare dans les jardins potagers.

Melon.

Le melon amène nécessairement la culture forcée dans les jardins potagers ; car, même en supposant que l'on ne cherche point à obtenir des melons de primeur, il faut toujours avoir recours aux couches et aux châssis pour la culture du melon de seconde, et même de troisième saison.

Depuis vingt-cinq ans je conseille le petit prescott gris comme melon de primeur; et je le recommande encore. Il est succulent, très-hâtif, et se comporte bien pendant les grandes hivernées. Mais, pour celui-là, comme pour tous les autres, on devra lui couper la tête, sur la couche mère, et cinq ou six jours avant de le transplanter. Cette première opération que doit subir le melon, étant faite au moment où il est mis en place, pourrait amener de la moisissure, lorsque le plant a besoin de toute sa séve, de toute sa santé, pour opérer sa reprise.

Melon de primeur. — C'est aux premiers jours de février qu'il faut faire sur une couche mère, son semis de melons de primeur. Il est d'usage, dans la culture maraîchère de mettre sur une autre couche, ce plant en pépinière, quelques jours après qu'il est levé. Comme le repiquage des jeunes plantes est toujours difficile, je procède autrement et je conseille aux jardiniers bourgeois de procéder comme moi. Je ne plante le melon qu'une fois, c'est-à-dire que je le prends dans la couche mère pour le transporter dans celle où il doit rester à demeure.

Il y a plusieurs manières d'opérer son semis. Contrairement encore à ce que font la plupart des jardiniers maraîchers, j'engagerai toujours à empoter sa graine, partant de ce point que je m'adresse le plus souvent à des jardiniers qui n'ont pas toute l'habileté nécessaire pour enlever de terre une plante aussi jeune, aussi tendre, sans en froisser quelque racine. Je sais bien que le semis en pot peut avoir son côté défectueux en ce que les plantes, si elles séjournent trop longtemps sur une couche mère, peuvent manquer d'espace, et avoir leurs racines tortillées ; mais c'est à celui qui les a vues naître, qui les a suivies dans leur premier développement de juger du moment opportun pour leur transplantation. Du reste, les quelques racines contournées se redressent dans un terreau neuf, et au bout de quelques jours, quand le melon est repris et que la séve est revenue dans toute sa force, ce léger inconvénient ne laisse plus de traces.

L'important est de juger le moment favorable pour cette plantation, et de tenir prête sa couche pour le moment venu.

Alors, en plaçant le petit pot, qui contient le plant, sens dessus dessous sur sa main gauche renversée, le plant maintenu entre deux doigts, au premier coup imprimé par la main droite sur le fond du pot, la terre cède et le plant se trouve dégagé avec sa motte qui lui reste adhérente. Aussitôt replacé sur sa couche nouvelle il reprend sans avoir à souffrir, pour sa reprise, d'une température trop froide et sans que l'on ait à craindre pour ses racines, une température trop élevée dans le terreau puisqu'il sera garanti par la fermeté de sa motte.

Les couches dans lesquelles le melon doit être planté, seront composées de fumier neuf pour moitié, et moitié fumier de vieilles couches, le tout soigneusement mélangé. Sur le fumier l'on étend une couche de bon terreau de 15 centimètres d'épaisseur, et c'est dans cette terre que le melon est planté lorsque la couche est descendue à une température convenable, de 28 à 32 degrés centigrades, à une profondeur de 12 centimètres dans la terre; température qu'il est aisé de constater par un thermomètre placé à cette profondeur, et pour l'homme, un peu plus expérimenté, simplement au toucher des baguettes piquées dans la couche.

Chaque couche, qu'elle soit isolée ou contiguë à d'autres couches, doit être disposée de façon à pouvoir être pourvue de réchauds : pour cela, il restera entre chaque couche un sentier, et aussi un sentier circulaire dans lequel sera enfoui du fumier neuf, chaque fois que la couche tendrait à se refroidir.

Après la plantation du melon, l'on devra mettre à chaque pied un demi-litre d'eau, et faire en sorte, malgré cette mouillure, que le pied reste enterré jusqu'aux cotylédons, que je laisse d'habitude, préférant les voir se dessécher à la plante que de les tailler dans le vif.

Il est bien entendu que les sentiers dont j'ai parlé entre les couches, ainsi que les sentiers circulaires devront être chargés de fumier sec, cinq ou six jours après la plantation des melons, lequel sera mêlé à du fumier neuf, chaque fois que la couche tendrait à se refroidir.

Le petit prescott gris peut aisément être planté à raison de deux par châssis.

Le melon de primeur, placé dans ces conditions ne tardera pas à se développer, pourvu qu'on lui donne un peu d'air, chaque fois que le temps le permettra, et que pendant les nuits on le couvre de doubles et même de triples paillassons lorsque le temps est très-froid. La moisissure est quelquefois à redouter ; le meilleur moyen pour l'éviter est de donner de l'air à la plante le plus souvent possible.

Dans une année ordinaire, des melons faits ainsi doivent donner des fruits à la fin de mai.

Ce melon se taille comme ceux de seconde, de troisième et de quatrième saison. J'indiquerai la façon de le tailler et les soins à donner à cette plante, aux observations générales sur la culture du melon.

Melon de seconde saison. — Si, pour le melon de primeur j'ai conseillé le petit prescott gris, je conseille pour les autres saisons, les espèces qui me furent conseillées à moi-même, il y a plus de vingt ans, par un maraîcher de Paris, M. Sandrin, dont je garde et dont je garderai toute ma vie le meilleur souvenir. Avec les graines qu'il me donna, je reçus ses conseils et ils me furent si cordialement offerts que la reconnaissance m'en est restée. Du reste, je croirais manquer à cette reconnaissance si, à la fin de ce livre, je ne disais quelques mots sur le corps si louable, si nombreux des maraîchers de Paris.

M. Sandrin m'avait conseillé le cantaloup gros prescott fond noir, et le cantaloup gros prescott fond blanc; et je m'en suis toujours tenu à ces deux espèces, engageant chaque jardinier bourgeois à faire comme moi.

Ce melon de seconde saison se sème comme le précédent et se plante de même, seulement sa couche diffère un peu en ce que celle-ci est recouverte de terre, tandis que l'autre est recouverte de terreau, il doit y avoir aussi un peu plus d'épaisseur dans la couche, puisque la couche de terre doit avoir une épaisseur double de celle de la couche de terreau. Ces couches de seconde saison doivent avoir soixante-dix centimètres d'épaisseur et s'élever à trente centimètres au-dessus du sol, pour qu'une fois tassées elles se trouvent au niveau du jardin.

Elles devront être dirigées autant que possible de l'est à l'ouest, afin que le soleil ait une action directe sur les vitraux. La terre sera bêchée avec soin autour de ces couches, car les racines des melons s'étendent au loin, et il faut éviter qu'elles rencontrent une terre dure.

Ce melon de seconde saison sera planté à la même distance que le melon de primeur, c'est-à-dire à deux par châssis.

Ces melons de seconde saison, semés fin février,

plantés à la fin de mars, donneront assurément des fruits dans la première quinzaine de juillet.

Melon de troisième saison. — Ce melon doit être semé du premier au quinze mai. Le semis en sera fait sur une couche mère, comme pour les deux autres et il sera traité de même jusqu'à sa plantation, qui se fera dans des conditions différentes, attendu qu'on le mettra sur couches sourdes et sous cloches, au lieu de le placer sur couches d'hiver et sous châssis. Les melons plantés ainsi dans le courant de mai, donneront leurs premiers fruits fin d'août.

Voici de quelle façon se font les couches sourdes:

A l'entrée d'un carré bien exposé et dans la direction de l'est à l'ouest, on creuse une tranchée large de soixante-six centimètres et profonde de quarante-cinq. On en place la terre de côté, c'est celle qui doit servir à la dernière couche. Quand la tranchée est faite, on y répand le fumier, moitié neuf, moitié vieux, bien mélangé et fortement pressé avec les pieds à mesure qu'on l'entasse, il faut que le fumier soit plus élevé au milieu de la couche, ou, pour m'exprimer plus clairement, que la couche soit bombée dans sa longueur, laissant en pente douce les deux côtés. Quand le fumier est ainsi disposé, on le recouvre de la terre qui provient du creusement de la tranchée voisine, ayant soin de remuer cette terre à la bêche, de la bien diviser avant qu'elle soit jetée sur la première couche. Elle sera ensuite égalisée à la fourche, en conservant toujours à cette couche sa forme bombée. Dès qu'elle est convenablement dressée, on place sur la partie la plus élevée, une rangée de cloches à soixante-six centimètres l'une de l'autre.

Lorsque la couche a donné son coup de feu, on plante un pied de melon sous chaque cloche, on le prive d'air après lui avoir donné une mouillure, et l'on couvre les cloches de paillassons ou de vieille litière, jusqu'à la reprise qui aura lieu quatre ou cinq jours après. C'est alors que l'on commencera à donner avec précaution un peu d'air à la jeune plante.

Comme dans cette saison, le développement des plantes se fait plus vite, il faudra quelques jours après la plantation, bêcher profondément tous les sentiers, afin que les racines des melons puissent y courir tout à leur aise, et aussitôt que les branches de melon sortiront de dessous les cloches, soutenues par des crémaillères en bois, on répandra un paillis sur toute la couche.

Melon de dernière saison. — Le cantaloup gros noir galeux est le plus avantageux pour cette dernière saison, il est plus tardif que les autres, et comme il doit être planté à demeure, à peu près à la même époque, on a ses fruits un peu plus tard, c'est-à-dire jusqu'aux matinées froides. Ce melon doit être exactement conduit comme le précédent.

Melons brodés. — Il est difficile de ne point consacrer quelques mots au melon brodé, dit à Paris melon maraîcher et dans plusieurs contrées de la France, vulgairement appelé melon de pleine terre. Cette ancienne espèce de melon est si inférieure aux cantaloups que je ne la cultive pas. Sa chair est grossière et lourde et souvent indigeste. Mais comme la manière de le cultiver diffère de celle des cantaloups, j'indiquerai sommairement cette manière à l'article *taille des melons.*

Taille des melons. — En ceci, comme en toutes choses, il y a des avis différents. Les uns taillent beaucoup, beaucoup trop ; les autres taillent trop peu, quelques-uns, partant néanmoins d'un point vrai, la taille réglementaire, s'acharnent à couper, et ils n'abordent guère un pied de melon sans avoir la serpette à la main pour dégager les fruits des feuilles qui les recouvrent. Il faut extraire seulement les feuilles qui se dessèchent, car un plan dénudé végète mal pour deux raisons : la première, parce que le soleil a une action trop vive sur les fruits et les tiges ; la seconde, parce que la plante perd une partie de sa séve par toutes ces coupures. Quelques autres laissent aller les melons à la dérive et laissent tout pousser, se sentant incapables de distinguer les branches qu'il serait bon de couper. Ceux-là sont les ignorants ; les premiers sont les hardis ; et entre eux, je ne sais quels sont les plus nuisibles aux melons.

Sous notre ciel, où le melon ne peut être mené à maturité en temps utile, que par une culture artificielle, il faut se conformer ponctuellement aux règles établies pour cette culture, par nos maîtres en expérience, les maraîchers de Paris. Comme eux, il faut être inexorable pour ce qui doit disparaître, mais pour un oui, pour un non, il ne faut point faire blanc du bistouri.

Voici la taille du melon, telle que je la pratique depuis vingt-cinq ans, et qui m'a attiré quelquefois, par ses résultats, la flatteuse approbation de nos plus éminents primeuristes.

J'entendrai par première taille l'étêtement que je fais subir au melon avant de le planter. Répéter ce que j'ai dit sur cet étêtement, ne sera point inutile; mon insistance sur ce sujet ne fera que mieux prouver l'importance que j'y attache. J'ai conseillé de faire cette première opération, avant la plantation du melon, pour qu'il n'ait pas de plaie à cicatriser pendant le malaise de la reprise. Dans ce cas, je crains une chaleur humide, dans la couche nouvelle, et, ce qui peut être la suite de cette humidité sur une jeune plante taillée de frais, la pourriture.

Quant aux cotylédons, je laisse à chacun de faire selon ses instincts ; moi je ne les cultive point. Mais je recommande à ceux qui les enlèvent, que cette opération soit faite quatre ou cinq jours avant la plantation.

Tous les jardiniers pratiquent à peu près la première taille du melon. Ils laissent un peu plus, un peu moins de longueur à la tige qui doit être tranchée à douze ou quatorze millimètres au-dessus du deuxième œilleton ; ou, pour être plus explicatif, de la deuxième feuille.

De cette première taille à la seconde, il n'y a qu'à préserver les melons du froid, au moyen de la litière ou des paillassons ; on leur donnera un peu d'air chaque fois que la température le permettra ; et si le soleil est trop ardent, ils seront préservés de son action par une poignée de litière répandue sur le châssis.

La première taille fait se développer deux branches opposées, s'étendant sur le sol, et que l'on coupera au-dessus de la quatrième feuille, lorsqu'elles auront atteint la longueur de trente-trois centimètres. C'est quelques jours après cette opération, et lorsque les plaies en seront cicatrisées, que l'on devra s'occuper de tapisser les melons sous châssis, parce que plus tard d'autres rameaux seraient poussés, et qu'il serait alors difficile d'étendre convenablement un paillis sur la couche. Ce paillis a pour but de tenir le plant de melon séparé de l'humidité de la terre, et de conserver en même temps, aux racines, de la fraîcheur, lorsque les grandes chaleurs sont venues.

Lorsque l'époque sera venue de pratiquer sur les melons sous cloches leur seconde taille, il sera procédé exactement de même que pour les melons sous châssis. C'est-à-dire qu'on étendra un paillis sur toute la couche, et que l'on soulèvera les cloches avec des crémaillères, afin que les branches du melon puissent sortir de la cloche et s'étendre sur les paillis. Seulement, tant que les nuits seront froides, il faudra, tous les soirs, couvrir les cloches de paillassons.

Les deux branches coupées au-dessus de la quatrième feuille se sont ramifiées et ont produit chacune trois ou quatre branches. Lorsque ces branches ont atteint une longueur de trente-trois centimètres, on les coupe au-dessus de leur troisième feuille et on les distribue sur la couche de telle sorte qu'elles ne soient ni enroulées ni confondues entre elles.

C'est après la troisième taille que les mailles se montrent en quantité suffisante pour faire un choix; et le choix à faire, parmi ces mailles, est d'une grande importance pour la qualité du melon.

On juge qu'une maille est nouée, lorsqu'elle a atteint la grosseur d'un œuf de pigeon; et c'est alors qu'il est opportun de faire son choix, parce qu'on est assuré que le fruit sur lequel on fonde son espérance ne sera plus exposé à couler.

Il n'est pas tout à fait aisé de faire un bon choix parmi les mailles; dans un fruit de cette grosseur, une défectuosité peut rester inaperçue; mais, règle générale, un fruit qui menace d'être mal conformé se développe lentement, et la rapidité de la croissance de la maille, le ton vif et frais de sa verdure doivent clairement indiquer que la maille, dans ces conditions, ne peut amener qu'un bon fruit.

Et à ce propos de fruit, une question grave se trouve naturellement soulevée.

Faut-il laisser plusieurs fruits sur le même pied de melon ?

Dans ce cas, combien doit-on en laisser?

Ou bien, un fruit seul sera-t-il laissé à chaque plante ?

La plupart des maraîchers de Paris ne laissent généralement qu'un fruit par chaque pied, pour l'obtenir meilleur et plus gros. Je comprendrais qu'on laissât un fruit à chaque branche mère, pour abandonner plus tard les autres branches aux regains, mais je ne puis m'expliquer ce que devient la séve de la seconde branche ainsi mutilée; quant à la qualité, je doute qu'elle soit plus fine, plus savoureuse, plus complète dans un fruit produit seul, que dans deux poussés sur le même pied.

Dans un jardin potager bourgeois, dont les produits ne sont pas destinés à la halle, peu importe un peu plus de grosseur qui, souvent pour la vente, en doublerait le prix. L'important, c'est d'avoir à peu près tous les jours du nouveau; et pour cela, il faut laisser plus d'un fruit à chaque pied de melon.

Je pense, non que *l'on peut*, mais que *l'on doit* laisser un fruit pour chaque branche mère du melon ; et qu'en dehors de ces deux fruits, deux melons de regain peuvent encore vivre fort à l'aise sur le même pied, parce que, lorsqu'ils arrivent à être noués, les deux premiers ont atteint à peu près leur grosseur. Du reste, les premiers fruits enlevés, je laisse aller mes melons un peu à leur guise, me contentant de leur donner de l'eau si le temps est trop sec, et de les débarrasser des feuilles mortes, mais leur laissant à peu près autant de fruits qu'ils peuvent en nourrir.

J'ai dit que la troisième taille consistait à tailler au-dessus de la troisième feuille. Les branches qui sont poussées après cette troisième taille devront être coupées au-dessus du deuxième œilleton; mais comme ces troisièmes rameaux peuvent être embarrassés de mailles, il ne peut rien y avoir d'absolu, une belle maille pouvant se trouver précisément dans la portion qui doit être coupée; c'est alors au jardinier d'apprécier s'il a autre part des mailles aussi belles, et de juger si c'est la maille qui entrave sa taille qui doit être sacrifiée.

Toutes les branches qui pousseront après la quatrième taille, ou pour mieux dire, qui seront rejetons de la troisième branche devront être coupées au-dessus de la première feuille, et cette cinquième taille sera répétée autant de fois que d'autres branches nouvelles venues parviendraient à une longueur de plus de deux œilletons.

Ainsi que je l'ai dit, je n'en finirai avec les melons qu'après avoir succinctement indiqué les différences qui doivent exister dans la culture du melon maraîcher, plus généralement connu sous la dénomination de *melon brodé*.

La culture de ce melon a considérablement diminué depuis l'introduction du cantaloup dans la culture potagère. Il est tellement inférieur au melon cantaloup que sa conservation n'est due qu'au prix, relativement modéré, que l'on peut maintenir pour ses fruits.

Le melon maraîcher peut rapporter beaucoup plus de fruits que les cantaloups, et bien que le nombre en diminue la grosseur, il n'en est pas moins vrai que ces fruits, quoique d'une qualité très-inférieure, ne trouvent pas moins leur débouché, par la raison toute simple qu'il y a plus de bourses pouvant mettre un franc à un melon que de bourses pouvant y sacrifier quatre ou cinq francs.

Cependant, quoique le melon brodé ait une rusticité plus paysanne, il sait reconnaître une culture plus soignée, et s'en trouve mieux, et si l'on veut obtenir de lui des fruits plus beaux dans leur multiplicité, il faudra, comme pour le cantaloup, le placer sur des couches de printemps. Seulement, comme sa taille est plus courte, on l'espacera moins dans ses rangs, à environ soixante centimètres.

On aura pour lui les mêmes soins, car sa culture générale est la même. Comme le cantaloup, il aura subi la première taille avant la plantation ; mais, après cette première taille, toutes les autres seront identiques. Au lieu de varier la longueur des tailles à *quatre, trois, deux et une feuille*, on les fera toutes au-dessus de la deuxième feuille.

Bien qu'on laisse d'habitude aux melons maraîchers, plus de fruits qu'aux cantaloups, il n'en faut pas moins retrancher les mailles défectueuses qui annoncent, par leur couleur, ou leur forme, ou leur lente croissance qu'elles donneront de mauvais fruits.

En résumé, si ce melon doit être conservé, dans les établissements qui vendent leurs produits parce que le bas prix de ses fruits en rend l'écoulement plus facile, il doit être inexorablement banni des jardins bourgeois, dans lesquels on ne vend point ses légumes ; car le cantaloup ne coûte guère plus à cultiver, et ses fruits sont incomparablement meilleurs.

Un dernier mot sur les melons. — Je crois avoir dit que le melon amenait nécessairement sa culture forcée dans nos jardins, en ce que sous notre climat, simplement livré à la culture ordinaire, il donnerait des résultats trop tardifs et moins bons. Il faut donc le traiter en étranger et exercer envers lui l'hospitalité la plus attentionnée. Cette culture, en effet, pour être réussie, exige des soins de tous les instants, depuis la naissance de la plante jusqu'à la maturité de son fruit ; car, même pour cette maturité, il y a des précautions à prendre. Savoir cueillir un melon, en son temps, est presque une science.

Celui qui veut cultiver le melon avec profit doit s'en occuper toujours, et s'en préoccuper sans cesse ; car dans la primeur, surtout, il doit veiller à chaque changement de la température, ayant soin de les couvrir davantage si le froid augmente, d'en surveiller les réchauds, et précisément à cause de ces précautions, qui donnent à la couche plus de degrés de chaleur, il devra, toutes les fois que le temps le permettra, au moindre rayon de soleil, donner de l'air indispensable pour combattre l'humidité, qui, tôt ou tard, amènerait la pourriture.

Lorsque des melons marchent bien, qu'ils sont tenus dans des conditions satisfaisantes, et que le temps n'est pas trop contre eux, ils doivent être bons à tailler tous les quinze jours. Les branches qui sont poussées, après la troisième taille, ont, la plupart, des mailles lorsque la quatrième est bonne à pratiquer, et ces mailles, je le répète, apportent quelquefois des modifications à cette quatrième taille, qui doit être faite au-dessus de la deuxième feuille.

Qu'une bonne maille, par exemple, se présente dans l'aisselle d'une seconde feuille, on est bien obligé de tailler cette branche au-dessus de la troisième, puisqu'il faut toujours laisser un œil au-dessus du jeune fruit pour attirer, sur lui, la séve.

L'article arrosage est assez difficile à indiquer d'une facon précise, car il appartient à celui qui soigne ses melons d'apprécier quand sa terre a besoin d'eau, et si ses plantes souffrent. Toutefois, à moins d'un besoin pressant, il évitera d'arroser les melons avant qu'il n'y ait des mailles de nouées, et, quand ses plants seront à fruits, bien que les arrosages soient nécessaires, si le temps est chaud et sec, il sera encore modéré dans ses mouillures. Il faut un demi-arrosoir d'eau, par chaque panneau, en ayant soin de bassiner toute la terre du panneau, déjà envahie par les racines.

Je crois qu'il est inutile de recommander, au jardinier bourgeois, qui est jardinier parce qu'il aime son jardin et qu'il tient à le soigner lui-même, de tenir dégagés de toutes herbes ses couches et ses châssis ; ce serait un conseil tout au plus bon à donner à un enfant qui ferait un jardin ; mais ce que je conseille, c'est d'ôter, aux pieds des melons, dès la troisième taille, toutes les feuilles grises ou jaunes qui n'ont aucune utilité, et qui donnent toujours une ombre nuisible.

Enfin, au moment où le melon approche de sa maturité, ne pas laisser mûrir sur la couche où il perdrait de ses qualités ; surveiller la queue de chaque fruit, et au moment où elle commence à se détacher, l'on coupera ce fruit pour le mettre à l'ombre dans un endroit frais, où le melon arrivera lentement à une maturité complète et bien plus savoureuse et d'un parfum plus exquis.

Navet.

Encore un légume qui appartient spécialement à la grande culture et que je ne mentionne ici que pour les personnes qui veulent avoir dans leur jardin une planche de navets plus tendres, plus hâtifs, et des meilleures variétés :

Plus hâtifs en ce que, dans un potager, quand le navet commence à naître, au moyen des arrosages, à midi, l'on peut détruire les pucerons qui le dévorent; et mener ainsi à bonne fin, même sa première semence, celle de juin, la plus exposée aux pucerons;

Plus tendres, en ce que les légumes à tubercules qui poussent vite sont moins sujets à être filandreux, et que le navet soumis à des mouillures croît très-vite;

Et enfin, précisément parce que cette culture ne peut être faite en grand dans un jardin potager, l'on doit tenir à n'y cultiver que les qualités les plus avantageuses.

Le *navet des vertus* doit être classé dans les privilégiés; il est d'un assez gros volume, et si sa chair est moins savoureuse que celle du navet de Fréneuse et du navet de Fontenay, cultivé spécialement dans l'Orne, il se fait du moins remarquer par sa tendreté. Celui que je préfère à tous pour être consommé avec de la viande, est le navet de Fontenay. Celui de Fréneuse est aussi très-délicat pour être mangé au maigre. Les trois ont leur qualité et permettent de ne point recourir aux variétés nouvelles.

Je conseillerai à ceux qui ont un grand jardin et qui peuvent en sacrifier une partie aux gros légumes, la culture de la rave d'Auvergne. Elle est très-rustique, devient énorme et se conserve aisément tout l'hiver dans une cave, pourvu qu'elle soit enterrée dans du sable.

Son goût est moins fin peut-être que celui des navets que j'ai conseillés, mais sa chair est franche et elle fait un potage excellent.

Le terrain qui doit recevoir la graine de navet doit être choisi dans la partie la plus sableuse du jardin. Après un bon labour, et quelques jours plus tard, on divise sa terre très-menue à la fourche, on répand sa graine qu'on recouvre à la fourche ou au râteau, et, si le temps est sec, l'on donne une demi-mouillure. Au bout de quatre jours, la graine a levé. C'est alors qu'il faut la préserver du puceron. Pour cela, dès onze heures du matin, quand le temps est très-chaud, on tient sa planche humide au moyen de quarts de mouillures données de demi-heure en demi-heure. Il n'y a véritablement de danger des pucerons pour cette plante que de onze heures du matin à deux heures du soir, mais pendant ces trois heures, il faut veiller. Une planche de navets, lorsque le jeune plant n'a que les cotylédons, peut disparaître dans une journée.

Lorsque les secondes feuilles sont développées, le navet est sauvé et l'on peut se dispenser des mouillures.

Ognon.

Il y a deux variétés d'ognons très-distinctes :

l'ognon rouge et l'ognon blanc. Le premier est généralement adopté pour la grande culture; le second est plus délicat; mais, comme il est plus petit et qu'il lui faut peut-être plus de soins qu'à l'ognon rouge, celui-ci est plus propagé.

L'ognon blanc, que l'on veut avoir de bonne heure, au printemps, doit être semé vers la fin d'août. Il faut labourer et dresser une planche et y semer la graine d'ognon blanc très-dru. On enterre la graine avec une fourche en finissant d'émotter son terrain; on le plombe, et après l'avoir égalisé au râteau, on répand une couche de terreau et l'on donne une bonne mouillure.

Dans le mois de novembre, le plant est bon à repiquer.

Il faut choisir une belle journée pour cette opé ration à laquelle on s'est préparé en labourant et dressant une planche qui, elle aussi, sera terreautée. Lorsque le moment est venu de planter son ognon à demeure, on enlève le plant en passant obliquement une bêche au-dessous des racines. On coupe ces racines à la longueur de 2 centimètres de profondeur en ayant soin d'appuyer la terre contre le jeune plant.

L'ognon blanc planté dans le mois de novembre est bon à manger au mois de mai. Il supporte les hivers les plus rigoureux et ne craint que les faux dégels. L'ognon rouge peut être traité de même; mais il craint davantage la gelée, et comme il est moins délicat que l'autre, qu'il ognonne moins facilement, je préfère de beaucoup, pour cette culture d'hiver, l'ognon blanc.

Dans les jardins potagers, il est d'usage de semer l'ognon qui doit être consommé en sec dans le courant de mars. Beaucoup de personnes le repiquent, et moi-même, si je fais quatre planches d'ognons, j'ai toujours une planche d'ognons repiqués. Il devient plus gros, mais, l'hiver venu, il faut le manger le premier, car il se conserve moins que l'ognon resté en place, qui est plus petit, plus dur et aussi plus délicat, si l'on peut s'exprimer ainsi pour désigner un goût d'ognon plus prononcé.

On peut attendre la dernière quinzaine de mars et même les premiers jours d'avril pour semer son ognon à demeure. Il faut éviter de le faire sur un terrain nouvellement fumé. Cultivé sur une terre dans ces conditions, il pourrait *tourner au gras* (ramollir et pourrir). Il sera aussi semé moins dru que l'ognon fait pour être repiqué.

Il devra être dégagé avec soin, et souvent, de toutes les mauvaises herbes que l'on arrache à la main, sans binage.

L'ognon, en petite culture, pourra être arrosé par les années trop sèches; mais les mouillures diminuent sa qualité. Celui qui est soumis à des mouillures poussant davantage en tige peut ne pas être aussi bien *ognoné;* pour l'y aider, on abattra les tiges avec le dos d'un râteau, et, à sa maturité, par une journée sèche, il sera arraché et laissé quelques heures sur la terre, au soleil, avant de le rentrer.

Oseille.

Il y a deux variétés d'oseille bien distinctes : l'oseille commune et l'oseille vierge. La première, à feuilles plus allongées, plus étroites, a la saveur plus acidulée; la seconde, à feuilles plus larges, plus arrondies, d'un vert plus blond, a un goût moins acidulé.

J'ai renoncé depuis longtemps à la culture de l'oseille commune, et je conseille aux jardiniers bourgeois de s'adonner exclusivement à l'usage de l'oseille vierge. Mise en bordures, elle réussit bien et produit abondamment, si on ne lui épargne pas les mouillures.

La cueillette de l'oseille se pratique différemment chez tel ou tel. Les maraîchers de Paris ne coupent qu'une fois sur le jeune plant qu'ils ont semé ; la seconde récolte et les suivantes se font à la main, en enlevant les feuilles les unes après les autres, avec leur pétiole, tout près de la souche et laissant, sans y toucher, le cœur de la plante et les petites feuilles adhérentes. Je pense qu'il est préférable de faire toutes les cueillettes au couteau, à deux centimètres au-dessus du sol, ayant soin de répandre un peu de terreau sur la plante lorsqu'elle est coupée et quand elle a été soumise à une bonne mouillure.

De la veille au lendemain, la plante est repartie à pousser.

Pour faire une planche d'oseille, on en plante une bordure ; il faut d'abord se procurer du plant de bonne qualité dans un vieux plant d'oseille vierge, que l'on arrache pour le renouveler, ce qui a lieu tous les quatre ou cinq ans. On divise les souches des racines, on choisit les parties les plus vivaces, les mieux garnies d'œilletons, et on les plante à quinze centimètres l'un de l'autre, dans une terre profondément labourée.

C'est en octobre qu'ont lieu les plantations les plus avantageuses ; cependant, avec de fréquents arrosages, elles réussissent bien au printemps. Je préfère la culture de l'oseille en planches, car il est nécessaire de lui donner plusieurs binages, quelques-uns assez profonds ; et pour l'oseille en bordures, cette culture ne peut avoir lieu qu'à demi, la portion dure du terrain, du côté de l'allée, restant nécessairement inculte.

Si le printemps s'annonce sec et chaud, un paillis dans une planche d'oseille sera d'un bon effet, et il ne faut pas épargner les mouillures.

Panais.

Cette plante n'est réellement bonne qu'à donner du goût au potage, aussi la culture doit en être fort restreinte dans un jardin bourgeois.

On sème le panais à la fin d'avril, lorsqu'il n'y a plus de fortes gelées à craindre. En côtière, ces semis peuvent être faits fin février, en ayant soin, lorsque le jeune plant est levé, de le couvrir le soir avec de la litière, si le temps est à la gelée.

Le panais qui est fait en avril doit être semé assez clair : les racines sont destinées à être grosses et les feuilles à prendre un grand développement. Et, pour ces raisons, il est nécessaire que chaque pied soit à une certaine distance de l'autre. Du reste, comme cette plante est assez longtemps à lever, on peut en utiliser la terre en y joignant d'autres légumes, des radis par exemple, et même des épinards, dont les premiers semis de printemps ne donnent qu'une récolte.

Il y a deux sortes de panais : le rond et le long ; leur goût est identique, seulement le rond est moins sujet à être filandreux.

L'un et l'autre doivent être semés dans une terre *meuble* et profondément remuée, afin que les racines, qui sont les seules parties comestibles, puissent prendre à l'aise tout leur développement.

Persil.

Le persil, par nature, est si rustique qu'il semblait devoir être exclus de la culture forcée; mais son usage est si répandu et il est si difficile de s'en passer en cuisine, que l'on doit se précautionner contre les deux ou trois mois pendant lesquels il ne pousse que faiblement.

C'est pour parer à cette chétive et insuffisante

végétation que je crois bien faire en indiquant comment, par les temps les plus froids, l'on peut toujours avoir du persil fraîchement coupé.

Vers la fin de novembre l'on utilise, à cet effet, une vieille couche dont on a remanié le fumier et le terreau, en ajoutant au fumier vieux du fumier neuf; il sera nécessaire que la couche de terreau soit épaisse.

Lorsqu'elle est dressée, on arrache à la bêche du vieux plant de persil que l'on enterre jusqu'au collet dans ce terreau, à vingt-cinq centimètres l'un de l'autre. On donne une mouillure, et l'on place ses châssis. Chaque fois que le temps sera beau, on lui donnera de l'air, et cette culture, si simple, si peu coûteuse, donnera du persil frais jusqu'au printemps.

Voici maintenant la culture du persil en pleine terre :

Aux premiers jours d'avril, on laboure une planche sur laquelle on trace avec les pieds des sillons profonds de deux à trois centimètres et dans lesquels on sème la graine du persil. Ces sillons peuvent être très-rapprochés. Lorsque le semis est fait, on le recouvre au moyen d'une fourche, et l'on égalise la terre avec un râteau. Puis, comme cette plante est longtemps à lever, on plantera de la romaine sur cette planche, et les mouillures données à la romaine profiteront au persil.

Pendant tout l'été, le persil sera cueilli avec un couteau, et entretenu à la mouillure. Mais, lorsque les froids seront venus, la cueillette en sera faite à la main, en détachant du pied, et avec précaution, chaque branche.

Piment.

Il y a plusieurs variétés de piment. Je ne parlerai que de deux, celles qui sont, pour ainsi dire, condiments obligés dans nos cuisines. Le *piment corail*, à gros fruits, cultivé par les maraîchers de Paris, et le petit *piment long* qui peut bien être le piment de Cayenne, dit *piment enragé;* seulement dans notre climat il est moins enragé que sous son sol natal, tout en étant beaucoup plus fort que le gros piment.

L'un et l'autre doivent être soumis à la même culture dans nos jardins.

Vers la fin de mars, on répand une pincée de graines sur un bout de couche tiède, et quand le plant est bon à être repiqué, on l'enlève par mottes pour le placer sur une côtière, en ayant soin de le couvrir chaque fois que le temps paraît être à la gelée. Cette plante demande beaucoup d'eau et ses fruits mûrissent vite. Si les mouillures ne lui font pas défaut, il donnera des fruits jusqu'aux gelées.

Pimprenelle.

Plante d'une culture fort restreinte, car elle n'est bonne que pour la garniture des salades et peu de personnes en aiment le goût. Du reste, on peut lui sacrifier un coin de son jardin, car elle donne peu de peine à cultiver.

On la sème en bordure ou dans un coin de terre qui lui est abandonné, vers la fin d'avril. Quand elle est recouverte d'une couche de terreau peu épaisse, on lui met un paillis, et l'on donne une bonne mouillure.

On coupe cette plante à 15 centimètres de haut, et si l'on peut se faire à son usage, ce dont je ne réponds pas, on renouvelle tous les quinze jours cette semence.

Pois.

Cette culture appartient à la grande culture des champs, à la grande culture maraîchère, et aux jardins potagers. Pour toutes les variétés de pois, cette culture est à peu près la même, et tout le monde doit connaître la culture des pois, car l'usage de ce légume, en vert ou en sec, est universellement répandu. Je dirai seulement que, dans un jardin bourgeois bien tenu, les pois qui doivent être mangés en vert seront renouvelés tous les quinze jours, afin qu'il y en ait toujours de tendres et de frais.

Avant d'indiquer les variétés de pois que je crois les meilleures ou les plus avantageuses, j'expliquerai en quelques lignes le moyen d'obtenir des pois hâtifs par la culture forcée: pour cela, il ne faut pas de couches chaudes ; cette culture n'est donc pas coûteuse, et manger des petits pois en mars et en avril vaut la peine d'en cultiver de petites quantités sous châssis.

C'est le *nain hâtif anglais* que je conseille pour cette culture. Il est presque aussi hâtif que le *nain* hâtif, pois-l'évêque, et il produit beaucoup plus ; il a de plus l'avantage d'être très-délicat.

Vers la fin de novembre, on laboure une planche dont on divise bien la terre ; on entoure cette planche d'un coffre à melons ; et l'on sème dans ce coffre cinq rangées de pois, en mettant les pois à deux centimètres l'un de l'autre. On placera ensuite le châssis, et il faudra songer à entourer le coffre de vieux fumier qui ne doive pas s'échauffer ; car il aura pour effet de préserver de la gelée et non de donner de la chaleur.

A mesure que la température se refroidit, on devra veiller sur ces accots de fumier, et les tenir à la hauteur des châssis, et mettre des paillassons sur les châssis. Mais ces châssis seront enlevés chaque fois que paraîtra le soleil.

Vers le commencement de février, les pois toucheront le verre. On les couche dans le sens du derrière du coffre, au moyen de lattes placés sur les plants à une hauteur de quinze centimètres ; bientôt leur extrémité se redresse, et bien qu'alors on enlève les lattes, le bas des pois reste couché, d'où il résulte que le plant se trouve plus trapu. Les pois s'élèveront de nouveau vers le verre, mais cette fois c'est le châssis qui doit céder : on le soulève en l'appuyant sur des coussinets de paille, et l'on élèvera le fumier d'accot pour qu'il garnisse toujours le coffre jusqu'au châssis. On donnera de l'air chaque fois que le temps sera beau, en soulevant le châssis par derrière; puis on élèvera les pois au-dessus de la quatrième fleur, et on placera dans leurs rangs des petites rames aux endroits seulement où les plants sont trop entassés.

En semant ainsi des pois, depuis novembre jusqu'à la fin de février, tous les quinze jours, l'on a des petits pois jusqu'à l'arrivée des pois semés en pleine terre. Mais dans un jardin bourgeois, où il n'y a point une grande quantité de coffres et de châssis, c'est plutôt par caprice que par utilité que l'on fait des pois en culture forcée, une planche suffira donc, ne serait-elle utile que pour montrer à son voisin que l'on connaît son métier.

Pois en pleine terre. — C'est à la fin de février et en mars qu'il faut semer les premiers pois en pleine terre. Comme les premiers faits doivent être des *nains hâtifs;* il est possible de pratiquer ce premier semis sur une côtière, et d'avancer, dans ce cas-là, de quelques jours le moment de la semence.

Le pois *Prince-Albert* est très-bon pour ce premier semis. Son grain est délicat, assez sucré, et il est tendre même lorsqu'il est cueilli tardivement.

Le pois *Daniel O'Rourke* est peut-être préférable

pour ceux qui ne font à la fois qu'une planche de pois, et qui ne renouvellent pas leurs semis toutes les deux semaines. Le pois Daniel O'Rourke, presque aussi hâtif que le Prince-Albert, est beaucoup plus productif.

Le pois *d'Auvergne*, pois *Serpette*, est aussi un bon pois ; moins hâtif que les autres, mais aussi délicat, plus savoureux et tout aussi tendre.

En fait de pois tardifs, le pois ridé *Knight sucré*, est de tous le meilleur. En semant à partir de mars, une planche de pois tous les quinze jours, on peut être assuré de manger des pois excellents tout l'été ; même au moment des plus grandes chaleurs, alors que tout se dessèche et durcit autour de lui, il est tendre, et il reste tendre, même lorsqu'il a passé le moment d'être cueilli.

En dehors des avantages que ce pois peut offrir, il en est un inappréciable pour moi : c'est qu'il se fait à toutes sortes de cultures. Dans un endroit très-sec, il se comporte mieux qu'un autre, et il viendrait dans l'eau. Du reste, si la saison est sèche, il accepte volontiers une mouillure lorsqu'il est ramé, et ses pousses alors étreignent vite les branches de bois qui doivent le soutenir, branches qui doivent être longues, car une planche de pois ridés atteint une grande hauteur.

A celui qui veut mettre dans son jardin des pois nains en bordure, je conseillerai le *nain hâtif de Hollande*, ou le *pois l'Evêque* dont j'ai parlé pour les châssis, et par dessus tout, le *très-nain de Bretagne*.

Pour le pois mange-tout, c'est à la *Corne de Bélier* que je donne la préférence.

Poireau.

Il faut admettre que ce légume, indispensable dans nos potages, ne doit jamais manquer. Or le poireau long, ou poireau ordinaire, quelque bien conservé qu'il ait été pendant l'hiver, s'échappe au mois de mai, alors que l'autre poireau de sa variété n'a pas atteint le développement convenable pour donner du goût au pot-au-feu. Pour parer à cette lacune il faut la culture inévitable du poireau court. Celui-ci se sème au mois de septembre; mais, comme il ne doit pas être repiqué, qu'il est fait pour rester en place, il sera très-clair-semé. On l'enterre avec une fourche, on le plombe, et sur la terre avant qu'elle ne soit égalisée au râteau, l'on répand de la graine de mâche.

Le tout est ensuite recouvert d'une légère couche de terreau.

Si la saison est sèche, l'on devra entretenir ce semis de fréquentes mouillures.

Une fois que le plant de poireau est levé, s'il est trop épais, on devra l'éclaircir pour que chaque plant ait l'espace nécessaire à son développement. Dans le courant de l'hiver les mâches seront cueillies ; en les arrachant on aura soin de débarrasser aussi les poireaux de plantes parasites, et une fois qu'il restera seul, il faudra l'arroser chaque fois que le temps n'est pas à la gelée et qu'il y a un rayon de soleil.

Ce poireau sera bon à manger à partir du mois de mai.

Il est petit, et n'a pas beaucoup de blanc, mais dans cette saison, où manque ce légume, tel qu'il est, il est encore d'un bon secours pour les consommés.

Le poireau long, connu dans les jardins potagers sous le nom de poireau d'automne, est semé dans le courant de mars. On laboure très-menu un bout de planche, un bout de côtière est préférable. Lorsque la terre est bien hersée, on y sème la graine assez dru et on l'enterre par un second hersage. On plombe ensuite et l'on couvre la terre d'une couche de terreau. Si le temps est sec, sans être à la gelée, on activera le semis avec des mouillures, et vers la fin de mai le poireau est bon à planter.

Alors on dresse des planches pour y placer à demeure le jeune plant, après lui avoir coupé les racines à la longueur de 2 centimètres. Le poireau d'automne sera enterré profondément, car plus il est enfoncé dans la terre, plus il aura de blanc.

Comme cette plante est destinée à traverser l'été, on lui donnera plusieurs binages avant son développement, et on l'arrosera fréquemment.

Ce poireau commence à être bon à la fin de l'été, et doit durer jusqu'au printemps. Il faut donc que dans chaque jardin il en soit fait une quantité suffisante pour ne pas être obligé d'avoir recours à son voisin.

Pomme de terre.

Je n'ai point l'intention de parler longuement de la pomme de terre ; ce légume est d'un usage si universellement répandu que chacun doit en connaître la culture. Je n'enregistrerai donc à son sujet que quelques réflexions qui pourront ne pas être inutiles, et l'indication des plus avantageuses variétés dans un jardin. Je crois que cette dernière culture est mal comprise, et ce que je dis là s'adresse aussi un peu à la grande culture de la pomme de terre dans les champs. D'ordinaire, la pomme de terre est semée trop profond et ne reçoit point assez de façons. Comment expliquer autrement ce qui se passe autour de moi, non pas une année, mais depuis vingt ans ?

Je vois tracer des sillons très-profonds ; on y enfouit la pomme de terre, on égalise la terre et souvent le premier binage sert à butter le pied dont on ne s'occupe plus.

Mes sillons sont moins creux. Aussitôt que la pomme de terre est levée, je lui donne un binage très-menu. Lorsque la tige a pris la moitié de son développement, elle reçoit une seconde façon, souvent une troisième plus superficielle, bien entendu, et enfin je n'en butte le pied que lorsqu'il a atteint toute sa taille.

Depuis vingt ans, je vois constamment autour de moi des pommes de terre malades ; depuis vingt ans, je n'ai pas eu de maladie ; je dois donc attribuer cette exception en ma faveur, à une culture différente qui ne laisse jamais longtemps le tubercule adhérer à une terre durcie, que ne peut pénétrer l'action du soleil.

Après ces quelques mots qui donneront peut-être à quelques-uns l'envie d'expérimenter ma manière, je vais simplement indiquer les variétés des pommes de terre qui me semblent préférables pour la culture de ce légume dans les jardins.

En pomme de terre hâtive, pomme de terre Blanchard, jaune très-hâtive.

Pomme de terre marjolin jaune, demi-longue, très-hâtive.

Pomme de terre noisette Sainville jaune, demi-tardive.

Pomme de terre Ségonzac, ou Saint-Jean, jaune, ronde, demi-hâtive et très-productive.

Pomme de terre vitelotte, rouge longue, demi-hâtive et très-productive.

Enfin la pomme de terre de Chandernagor, violette, noire à chair marbrée, très-productive, et préférable à toutes les autres pour être mangée en ragoût.

Les variétés que je signale indiquent assez que les variétés dont je fais le moins de cas, sont les espèces tardives.

Potiron.

Pour qui peut disposer d'un terrain convenable, vaste, aéré et en plein soleil, la culture du potiron est assurément l'une des plus attrayantes, de toutes celles que l'on pratique dans un jardin potager. La vigueur de la plante, l'ampleur des feuilles, la beauté des fruits et leur développement rapide sont autant d'intérêts intimes qui attachent le jardinier à cette plante dont les produits, quand ils sont ménagés avec intelligence, sont en réalité ce que l'on veut qu'ils soient.

Mais pour cela, il ne faut point s'abandonner à une routine insouciante ; il faut, au contraire, que ce colosse des jardins soit soumis à toutes les ressources de l'art, car l'art est réellement nécessaire pour tirer tout le parti possible de sa séve puissante.

C'est au commencement d'avril que l'on sèmera le potiron, sur un bout de couche tiède. Il lèvera rapidement, et, comme je n'ai pas l'habitude de le mettre en pépinière, je le laisse sur place jusqu'au moment de le planter à demeure, ce qui a lieu lorsqu'il a deux feuilles très-développées au-dessus des cotylédons. Alors je l'établis définitivement de la manière suivante, sans lui faire subir la première taille à laquelle est soumis le melon.

Les premiers jours de mai, dans le terrain destiné aux potirons, l'on creuse des trous d'un mètre carré, et profonds de 60 centimètres. Dans chacun de ces trous, on mettra quatre brouettées de fumier très-consommé et fortement tassé qui sera recouvert avec la meilleure terre retirée de cette fosse. Je dispose ma plantation de façon à ce que les potirons soient à 3 mètres de distance l'un de l'autre. Au milieu de chaque fosse, je creuse un bassin, et j'enlève ensuite chaque plant de potiron entre mes deux mains. Je l'enterre jusqu'aux cotylédons, et après une mouillure, je place sur chaque pied une cloche que je couvre de litière pour aider à la reprise.

Celui qui n'aurait pas dans cette saison, des cloches disponibles, peut les remplacer par de la litière répandue sur le jeune plant. Mais la cloche a un double avantage : faire reprendre plus vite et avancer le potiron, pendant que les nuits sont encore froides. Il est entendu que chaque matin, lorsque le temps est beau, après la reprise du potiron on enlèvera les cloches, pour ne les replacer que le soir.

J'ai dit que l'on ne coupait point la tête au potiron. On le laisse courir sur la terre dans la direction qu'on lui a destinée, et je le laisse courir à deux branches, bien que les maraîchers n'en laissent qu'une, ne réservant ainsi qu'un seul fruit à chaque pied. Ils ont ainsi un peu plus de grosseur, mais à quoi peut servir dans un jardin bourgeois, un potiron de 100 kilos. Je laisse donc deux branches et un fruit à chacune d'elles, et même dans ces conditions, il est aisé d'obtenir un potiron de 70 kilos.

A mesure que les tiges s'allongent, il pousse sur les côtés de petites branches que quelques-uns suppriment, que d'autres ne suppriment pas pour laisser à la maîtresse branche plus de séve. Il ne faut point confondre, dans ces petites branches, celles qui sont à fruit. Celles-là sont invariablement laissées jusqu'à ce que l'on ait fait son choix sur les mailles.

Pour donner plus de séve, toute la séve possible, à la tige qui doit nourrir le fruit, on peut la marcotter quand elle a atteint une longueur de 2 mètres, et même moins de la souche.

Cette opération de marcottage consiste simplement à ouvrir une petite tranchée profonde de deux à trois centimètres, et dans laquelle on enfouit la portion de la branche à laquelle on veut faire pousser des racines. Pour être sûr que cette branche ne sera point sujette à vaciller, on la fixe dans la tranchée avec un petit crochet en bois. On recouvre la tranchée et la branche du potiron d'une épaisse couche de terre et l'on donne sur cet endroit une bonne mouillure.

Lorsque le fruit est noué et qu'il continue de grossir, c'est qu'il est bon, et l'on est assuré qu'il ne manquera pas lorsqu'il a atteint la grosseur de la tête d'un enfant. Alors on coupe la tête de la branche, à trois feuilles au-dessus du fruit. En donnant de fortes mouillures, le fruit croît si rapidement que, chaque matin, il est une surprise lorsqu'on le retrouve !

Beaucoup de jardiniers, et même des jardiniers expérimentés, ne pratiquent pas la culture du potiron ainsi que je l'indique ; quelques-uns ne les marcottent pas, d'autres laissent jusqu'à trois ou quatre fruits sur chaque pied ; d'autres, enfin, les laissent complétement aller à leur guise. Pour ces derniers, je retire la qualification d'expérimentés que j'ai écrite peut-être trop légèrement pour les autres.

Les cent kilos dont j'ai parlé prouvent que je cultive de préférence le potiron jaune de la grande espèce que nous désignons dans les jardins bourgeois sous la dénomination de gros maraîcher. Mais en dehors de cette variété, il en est d'autres très-recommandables, sinon pour leur volume, du moins pour leurs qualités.

Le potiron vert ou potiron d'Espagne est très-bon.

Le potiron à chair rouge est peut-être le plus délicat, ou tout au moins aussi succulent que le potiron bonnet turc.

Pour ces trois variétés, on peut laisser quatre fruits à chaque pied.

Avant d'en finir avec les courges, j'ajouterai comme manger succulent, la courge des Patagons et la moëlle végétale. Cette courge, préparée au jus de viande, fait une purée exquise au goût, et essentiellement nutritive.

Pourpier doré.

Cette plante est d'un usage fort restreint et sa culture peu répandue. Elle est bonne, néanmoins, comme garniture de salade et même comme salade; seulement, dans ce dernier accommodement, tout seul, le pourpier peut être un embarras pour les estomacs paresseux, d'autant mieux qu'en salade il est appétissant, et qu'il est agréable de se laisser aller à en manger quelques brins de trop.

Sa culture est facile. On a même remarqué qu'une fois qu'il y en a eu de semé dans un jardin, il s'y resème lui-même et devient peut-être ainsi plus beau que lorsqu'il est cultivé. Je ne suis pas tout à fait de cet avis. Je crois au contraire que cette plante, qui est charnue, dégénère facilement lorsqu'elle est abandonnée à elle-même.

C'est de mai jusqu'en août qu'on peut semer le pourpier; dans un petit espace, afin qu'il soit renouvelé souvent, car cette plante, pour être bonne, ne doit donner qu'une cueillette. Elle sera arrosée souvent, et coupée lorsqu'elle aura quinze ou dix-huit centimètres.

Celui qui ne voudrait pas en renouveler le semis, le coupera pour la première fois, à trois centimètres de terre, et par de nombreuses mouillures il obtiendra d'autres cueillettes, mais faites à la main, en détachant les branches.

La graine, lorsqu'elle sera enterrée, doit être recouverte d'une bonne couche de terreau.

Radis.

Je ne dois pas supposer que le propriétaire d'un jardin, pour le plaisir de manger, vers la fin de l'hiver, quelques bottes de radis, veuille s'astreindre, ou contraindre son jardinier à la culture forcée de ce comestible ; les maraîchers seuls trouvent du profit à cette culture parce qu'ils la pratiquent en grand, et qu'ils vendent leur récolte au lieu de la livrer à leur propre consommation.

Dix couches de radis, de première saison, n'exigent pas plus de soin qu'une demi-couche, et il est dur pour quelqu'un, à chaque changement de temps, de se déranger pour surveiller une demi-couche de radis.

C'est donc par la deuxième saison que je commence.

A la fin de février, on dresse une couche composée moitié de fumier vieux, moitié de fumier neuf ; on la recouvre de terre qu'on égalise à la fourche, et l'on répand dessus une couche de terreau.

Cette couche, autant que possible, sera établie sur une côtière.

Lorsqu'elle commence à chauffer, on sème la graine de radis, en même temps que de la graine de laitue, ou de romaine, pour se faire du premier plant de printemps. On enterre à la fourche, l'on plombe et l'on égalise la terre au râteau, puis on couvre la couche de paillassons, afin que la chaleur de la couche et l'humidité chaude que conserve le paillasson fasse au plus tôt germer la graine.

Lorsqu'elle est levée, on profite d'un beau jour, pour établir sur la couche, en longueur, deux rangées de gaulettes, soutenues par des piquets, et élevées à dix centimètres au-dessus de la terre pour abriter le plant, au moyen de paillassons, quand il sera nécessaire de le couvrir ; ce qui, dans tous les cas, pendant les premiers temps, aura lieu chaque soir.

Si le temps est sec, et qu'il fasse soleil, on donnera des mouillures, vers dix heures du matin. Et semés et conduits de cette façon, les radis donneront des produits en trente-cinq jours.

Notre seconde saison, qui est la troisième de la culture maraîchère, se fait tout simplement en pleine terre, à un endroit où le soleil donne librement. L'ensemencement se fait de même que pour notre première saison, seulement on ne répandra la couche de terreau que lorsque la semence sera déjà enfouie et plombée, et l'on veillera aux pucerons. Le soleil a pris de la force, et les cotylédons de cette plante sont un friand morceau pour le puceron. Au moyen de mouillures légères, données de onze heures du matin à une heure après midi, l'on peut préserver le radis de ce désastre. Il s'agit tout simplement que la terre et le plant soient humectés.

Comme le radis est sujet à monter vite, à partir de juin, il faut, pour en avoir toujours du franc et du frais, en semer par petite quantité tous les 8 jours.

Romaine — Chicon ou laitue — Romaine laitue

Il faut bien, puisque les botanistes les reconnaissent du même genre, que je classe dans le même cadre les romaines et les laitues. Au fait, tout cela se mange à l'huile et au vinaigre ; les botanistes peuvent bien avoir raison.

Je vais donc commencer par la laitue, puisque la laitue est la souche mère ; la romaine aura son tour, lorsque j'arriverai à son nom d'agrément. *Chicon*, que je croyais être son nom de famille, restera supprimé.

Pour ce légume, comme pour beaucoup d'autres, je ne dois pas oublier que je m'occupe spécialement de jardins bourgeois, et que la culture forcée n'y est qu'un accessoire. Je ne parlerai donc pas des laitues essentiellement d'hiver. Leur culture en petit occasionne trop de dérangement, pour que le propriétaire d'un jardin puisse s'y soumettre, surtout, quand il sait ne devoir obtenir que de faibles rémunérations à sa peine, du moment qu'il ne peut pratiquer cette culture plus en grand.

C'est donc par la laitue Georges que je commencerai, ne dédaignant pas, pour cela, la laitue petite noire, et la Gotte, mais les laissant aux soins des maraîchers qui font de leur culture hivernale une industrie sérieuse.

La laitue Georges ne peut pommer sans air. Aérée, au contraire, elle pomme très-bien, et est très-estimée. Il faut même ajouter que son apparition sur nos tables est toujours une fête, car elle est un peu dans nos cuisines le signal du printemps.

Semée à la fin de septembre, sur un bout de couche, la laitue Georges peut être replantée à demeure sur une côtière les derniers jours d'octobre. Je les distribue de façon qu'une cloche puisse en abriter trois. Jusqu'à la reprise elles seront privées d'air, puis après on leur en donnera pendant le jour, ayant soin de couvrir les cloches de litière sèche pendant les grandes hivernées, leur donnant toutefois un peu d'air, chaque fois que paraîtra le soleil.

A la fin de février, la laitue Georges commencera à tourner et dans le mois de mars, on en portera déjà de belles pommes à la cuisine.

Au moment où l'on sème la laitue Georges l'on devra semer aussi et de même, sur un bout de couche, la laitue rouge. Seulement celle-ci ne sera pas placée sous cloche, mais simplement plantée sur une côtière, entre des rangées de choux d'York, ou des choux pain de sucre. Elle végétera là chétivement pendant l'hiver. Mais viennent les premières rayées de soleil du printemps, son petit cœur se grossit, ses feuilles prennent de l'ampleur, et, si le temps est doux, on la voit grossir promptement. Au mois de mai elle a une superbe pomme.

A la laitue Georges doit succéder la laitue grise, que l'on peut cultiver tout l'été. Elle se sème de mars en août. Je conseille, pour cette dernière plante, de consulter les besoins de sa maison et d'en établir les planches en conséquence en calculant sur la durée de quinze à vingt jours pour la durée de chaque planche de laitue pommée. En été, elle monte vite. C'est donc tous les vingt jours qu'il faut semer la laitue d'été.

Il me reste à parler de la laitue la plus rustique que l'on puisse cultiver dans un jardin bourgeois, et aussi de la plus hâtive de toutes les laitues, livrées à elles-mêmes. C'est la laitue de la Passion.

Celle-ci se sème à la fin d'août, en pleine terre. Lorsqu'elle est assez forte, on la plante sur une plate-bande abritée, où elle passe sans souffrir, et sans aucun abri tout l'hiver, car elle est la plus robuste des laitues. Au printemps, on lui donne un binage, et elle pomme aussitôt que la laitue Georges, qui a nécessité des soins pendant l'hiver, et je la trouve préférable à cette dernière, en ce qu'elle est plus fraîche, plus ferme, et plus vivace. Une autre laitue que je recommande, comme très-grosse, très-tendre, et très-vivace, pour la culture d'été, c'est la laitue de Batavia.

La romaine offre beaucoup de variétés. La culture est la même pour toutes. Seulement, il faut savoir faire un bon choix parmi leurs espèces différentes, car toutes n'ont point les mêmes qualités.

Voici les variétés que je préfère :

La romaine verte, dite de primeur, pour ceux qui veulent se livrer à la culture forcée, et pour ceux encore qui veulent avoir sous cloches de la romaine hâtive. Dans ce dernier cas, on doit la traiter à peu près comme la laitue Georges : seulement, si elle est semée à la même époque, elle doit être conservée là au moyen de fumier chaud et de litière courte entre les cloches, qui, la nuit, seront couvertes de paillassons, jusqu'au mois de février. Car la romaine ne peut supporter le froid comme la laitue, et elle gèlerait même sous une cloche qui ne serait pas réchauffée.

Vers la première quinzaine de février, ce plant sera mis à demeure sur une côtière exposée au midi. La terre en sera labourée menue, bien dressée à la fourche, et recouverte de terreau, après qu'on a eu répandu sur la terre, une demi-semence de carottes hâtives.

La romaine sera plantée à trente-trois centimètres l'une de l'autre dans les rangs, et livrée à quelques mouillures si le temps est sec et chaud, comme aussi, la nuit, elle sera recouverte de litière, si le temps se mettait fortement à la gelée.

Comme le plant est vieux puisque l'on a dû le conserver longtemps, sur couche, il devra être arraché avec soin et planté de façon que les racines déjà longues et fortes ne soient point froissées ni emmêlées.

Au plus tard, à la fin de mai, cette romaine sera pommée ; cinq ou six jours avant de la cueillir elle sera liée, avec une paille mouillée, aux deux tiers de sa hauteur.

On peut faire une seconde saison de la romaine verte, même en se servant du même plant que l'on aura retardé sur la couche en le replantant sous les cloches. Puis, après cette seconde saison, la romaine verte sera abandonnée. On fait la troisième saison avec des semis de printemps.

C'est la romaine blonde, dite chicon d'Alphange et la romaine panachée sanguine, que j'emploie pour la troisième saison, et pour tout le reste de l'été.

Scarolle.

Cette salade, classée dans les chicorées en est évidemment la plus délicate et la plus tendre. De plus elle blanchit plus vite et plus aisément, et l'on peut la conserver très-tard dans un jardin sous une couche de fougère. Là, elle blanchit sans trop de pourriture ; et pour une saison plus tardive, c'est-à-dire jusqu'en janvier, l'on peut la conserver dans une cave, en l'enlevant avec sa motte les premiers jours de novembre, pour l'enterrer, jusqu'aux premières feuilles dans une couche de sable. Elle blanchit naturellement, et se conservera saine et fraîche pour peu que l'on ait le soin de la débarrasser des quelques feuilles qui pourrissent.

C'est au mois de juin que doit se faire le premier semis de scarolle. Lorsque le plant est assez fort pour être mis à demeure, on dresse une planche à la fourche et qui sera ensuite recouverte d'un paillis, ce qui doit avoir lieu pour toutes les plantations d'été ; quand la planche est ainsi préparée, on y plante la scarolle à trente-trois centimètres l'une de l'autre dans les rangs, et placée en échiquier.

Pour ne pas manquer de scarolle, on devra en semer de quinze en quinze jours, jusqu'à la fin d'août. Ce dernier semis donnera la scarolle destinée à être conservée.

Avant d'en finir avec les salades, je dois peut-être ajouter quelques mots à ce que j'ai dit sur la chicorée sauvage. Je n'ai parlé d'elle qu'à propos de verdure, et fort succinctement. Elle a cependant une autre destination qui n'est pas à dédaigner ; c'est la chicorée sauvage qui nous donne la barbe-de-capucin.

Pour cela, on arrache la chicorée sauvage avec toute ses racines, on en fait de grosses bottes, on effeuille la plante jusqu'au collet, et l'on place ces bottes, liées avec un osier sur une couche de fumier chaud, qu'on aura dressée dans une cave. Cette couche sera faite sans terre ni terreau, et chaque botte de chicorée sera simplement posée sur la couche, et sans y être enfouie. Au bout de trois semaines, ces racines ont poussé des feuilles blanches et étroites, qui sont la salade appelée barbe-de-capucin.

Scorsonère.

Cette plante doit être semée dans le courant d'avril.

On laboure une planche très-profondément, on

émotte et l'on dresse la surface à la fourche, puis on sème la graine à la volée. Lorsque la graine a été enterrée à la fourche, il faudra plomber la terre et la recouvrir d'une épaisse couche de terreau. Quand le terreau est nivelé, on trace des rayons pour y planter de la romaine.

Le tout sera conduit avec force mouillures, chaque fois que le temps sera sec et doux.

Dès la fin d'octobre, les racines seront bonnes à manger.

Tomate.

Sur un bout de vieille couche, conservant un peu de chaleur, on sèmera dans le courant de mars, la graine de tomate. A la fin d'avril, ceux qui auront des cloches, pour préserver contre les gelées qui peuvent venir, les pieds mis en terre, mettront leur plant à demeure, le long d'un mur si c'est possible. Ceux qui n'ont pas de cloches disponibles attendront, pour planter la tomate, le dix ou le quinze mai. On placera chaque pied à soixante-dix centimètres l'un de l'autre.

La plantation de la tomate, en pleine terre après une mouillure, ne nécessitera d'autres soins que celui de la préserver de la gelée, et les arrosages lui seront donnés rarement jusqu'à ce que les fruits commencent à se former. De fréquentes mouillures la feraient pousser trop en branches.

Cette plante est faible et mollasse, et a besoin

d'être soutenue. Je ne laisse d'ordinaire que trois branches à chaque pied, que j'étale en espalier au moyen d'un tuteur à chaque branche. Ces tuteurs doivent avoir au moins un mètre d'élévation, car la tomate atteindra cette hauteur, à laquelle elle sera coupée. A mesure que grandit la tomate, on l'attache au tuteur, par des liens nouveaux, et l'on a soin de dégager, s'il y en a trop, les branches latérales.

La tomate, fortement arrosée, quand ses fruits sont formés, je veux parler de celle plantée en pleine terre, aura des fruits mûrs à la fin de juin, et ces fruits se succèderont, sans relâche, jusqu'aux gelées.

CHAPITRE IV

INSECTES

Je me crois obligé de donner un aperçu des insectes nuisibles au jardinage. Je les signalerai pour que l'on puisse en dégager les plantes, à l'aide de ses mains, ce qui est possible, quand on ne les laisse pas trop se multiplier, mais je n'indiquerai pas les moyens empiriques de les détruire, je les ai expérimentés : ils font plus de mal à la plante que l'ennemi dont on veut la débarrasser.

Parmi les ennemis des légumes, les plus à surveiller, sont les *chenilles de terre*, espèce de vers gris, courts, qui coupent au collet toutes les salades, romaines, chicorées ou laitues. Comme cette chenille n'est pas très-abondante, le moyen de s'en débarrasser est de fouiller un pied de la salade, qui se flétrit, avant qu'elle ne soit desséchée, car si l'on attend trop la chenille est déjà partie pour une nouvelle plante.

Le *puceron*, fait une guerre acharnée à tous les choux, aux navets, aux radis, alors qu'ils n'ont encore que les cotylédons. Insectes faciles à détruire avec des arrosages.

La *courtilière* fait de grands ravages dans les jardins : les tuer en chemin quand on les rencontre, ou les noyer dans leur trou ; ou laisser à différentes places de petits tas de fumier consommé dans lesquels on les trouve.

La *petite araignée à melons*, à peine perceptible à l'œil, se détruirait par les mouillures, si elle ne se tenait dans le dessous de la feuille. Ce rongeur microscopique, qui peut faire périr en quelques jours une couche de melons, se détruit par des fumigations de tabac, et sa présence est clairement indiquée par les feuilles qui jaunissent.

Quant au petit ver blanc, qui attaque les ognons et la racine du chou, et au *taon à tête rouge*, larve du hanneton, qui coupe les racines pivotantes, ils ne pourraient être sérieusement détruits que par la taupe, si l'on pouvait supporter des taupes dans son jardin; mais une seule taupe suffirait pour culbuter tous les semis d'un potager. Je ne vois donc d'autres moyens, pour détruire ces deux vers que de les chercher à la racine de la plante, qui fléchit, avant qu'ils n'aient le temps de courir à d'autres plantes.

Puceron vert, *puceron noir*, *puceron blanc*, se détruisent par les mouillures.

Les *chenilles* de toutes sortes qui dévorent les choux de toutes espèces, sont aisément empêchées en les détruisant une à une dès leur début.

Je recommande, enfin, que chaque amateur de jardin surveille chaque plante, à laquelle il doit tenir par la peine qu'elle lui a donnée.

TABLE ALPHABÉTIQUE DES MATIÈRES

1563.77. — Boulogne (Seine). — Imprimerie JULES BOYER.

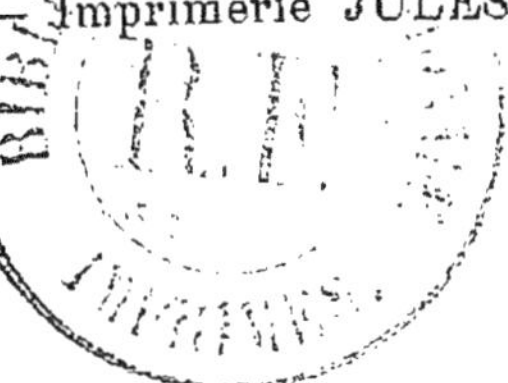

www.ingramcontent.com/pod-product-compliance
Ingram Content Group UK Ltd.
Pitfield, Milton Keynes, MK11 3LW, UK
UKHW021100200726
13857UKWH00003B/1029

9 782012 942400